长庆油田公司井控培训系列教材

# 井控坐岗手册

张发展　张生照　编

石 油 工 业 出 版 社

## 内 容 提 要

本书主要内容包括井控及有关概念、井控坐岗岗位职责、井控险情发生的原因及征兆、井控险情检测及检测仪器、钻井过程中钻井液量变化量的确定、井控坐岗观察记录表的填写、录井坐岗及异常参数预报等。

本书可作为钻井和录井坐岗工的培训教材，其他相关人员也可阅读使用。

**图书在版编目（CIP）数据**

井控坐岗手册/张发展，张生照编 . —北京：石油工业出版社，2017.12

长庆油田公司井控培训系列教材

ISBN 978-7-5183-2314-2

Ⅰ . ①井… Ⅱ . ①张… ②张… Ⅲ . ①井控–技术培训–教材 Ⅳ . ①TE28

中国版本图书馆 CIP 数据核字（2017）第 299889 号

出版发行：石油工业出版社

（北京安定门外安华里 2 区 1 号 100011）

网 址：www. petropub. com

编辑部：（010）64269289

图书营销中心：（010）64523633

经 销：全国新华书店

印 刷：北京中石油彩色印刷有限责任公司

2017 年 12 月第 1 版 2017 年 12 月第 1 次印刷

710×1000 毫米 开本：1/16 印张：8. 75

字数：172 千字

定价：30. 00 元

# 前言

为了切实加强油气田井控安全管理工作，做到井控工作有序、平稳、受控，防止井喷及井喷失控着火事故的发生，进一步落实中国石油天然气集团公司"警钟长鸣、分级管理、明晰责任、强化监管、根治隐患"的井控工作方针；牢固树立"以人为本、积极井控"的理念；有效执行"安全第一、预防为主、综合治理"的国家安全生产方针；按照"立足一级井控、搞好二级井控、杜绝三级井控"的钻井井控工作原则，将"关键在领导、重点在基层、要害在岗位、核心在人"的井控职责落到实处，力争达到井控工作"万无一失"；同时也为了进一步明晰钻井和录井坐岗工的井控责任，充分发挥"钻井和录井双坐岗"的作用，根据长庆油田实际情况，特编制本书。

尽管我们做了最大的努力，但由于时间仓促，本书难免有不足之处，请各位专家和读者提出宝贵经验，以便于我们进一步修改和完善。

编者

2017 年 11 月

# 目录

# 第一章 概 述

本章主要内容包括井控的概念，与井控有关的概念、区别和联系；钻井与录井双坐岗的基本要求及岗位职责；现场井控坐岗常见的问题及预防措施。

## 第一节 井控及有关概念

### 一、井控的概念

井控技术，即井涌控制技术，也称为压力控制技术，这些说法本质上都是一样的，就是采用一定的方法控制住地层孔隙压力，基本上保持井内压力平衡，保证现场施工作业顺利进行的工艺技术。

根据井涌的规模和所采取控制方法的不同，把井控作业分为一级井控（初级井控）、二级井控和三级井控。

#### （一）一级井控

一级井控技术是指采用适当的钻井液密度来控制地层孔隙压力，使得没有地层流体进入井内，溢流量为零。做好一级井控工作，关键在于钻前要准确地预测地层压力、地层破裂压力和坍塌压力，从而确定合理的井身结构和准确的钻井液密度。在钻井过程中，要做好随钻地层压力监测工作，根据地层压力的监测结果及时对钻井液密度进行调整，并结合地层的实际承压能力，进一步完善井身结构和钻井工艺技术。

一级井控的目的是防止地层液体进入井内，为此需保持井底压力略大于地层压力，实现近平衡钻井和保护油气层。要实现这个目的就需要研究怎样合理地确定压井液密度。

井眼内的裸眼井段存在着地层孔隙压力、压井液液柱压力和地层破裂压力。安全钻井时，这三个压力必须满足以下条件：

$$p_f \geqslant p_m \geqslant p_p \tag{1-1}$$

式中　$p_f$——地层破裂压力，MPa；

　　　$p_m$——井内液柱压力，MPa；

　　　$p_p$——地层压力，MPa。

所确定的压井液密度还要考虑保护油气层、防止粘卡和满足井眼稳定的要求。

根据《中国石油天然气集团公司石油与天然气钻井井控规定》（以下简称《钻井井控规定》）中的要求，通常确定压井液密度采取附加当量压井液密度的方法进行，确定方法如下：

$$\rho_m = \rho_p + \rho_e \tag{1-2}$$

式中　$\rho_m$——压井液密度，$g/cm^3$；

　　　$\rho_p$——地层压力当量压井液密度，$g/cm^3$；

　　　$\rho_e$——附加当量压井液密度，$g/cm^3$。

《钻井井控规定》中对附加当量压井液密度值的规定如下：

油井：$\rho_e = 0.05 \sim 0.10 g/cm^3$ 或 $1.5 \sim 3.5 MPa$；

气井：$\rho_e = 0.07 \sim 0.15 g/cm^3$ 或 $3.0 \sim 5.0 MPa$。

## （二）二级井控

二级井控技术是指井内使用的钻井液密度不能平衡地层压力，地层流体进入井内，地面出现溢流，这时要依靠地面井控设备和适当的井控技术来处理和排除地层流体的侵入，使井重新恢复压力平衡，使之重新达到初级井控的状态。二级井控技术是目前井控技术培训的重点内容。施工现场的井控工作也主要是围绕二级井控展开的，其核心就是要做好溢流的早期发现，及时准确地关井，正确地实施压井作业。

二级井控的实质是"三早"。井控工作中"三早"的内容为早发现、早关井和早处理。

（1）早发现：溢流被发现得越早越便于关井控制，越安全。国内现场一般将溢流量控制在 $1 \sim 2 m^3$ 之前发现。这是安全、顺利关井的前提。

（2）早关井：在发现溢流或预兆不明显、怀疑有溢流时，应停止一切其他作业，立即按关井程序关井。

（3）早处理：在准确录取溢流数据和填写压井施工单后，就应节流循环排出溢流和进行压井作业。

## （三）三级井控

三级井控技术是指二级井控失败，溢流量持续增大，发生了地面或地下井喷，且失去了控制，这时要使用适当的技术和设备重新恢复对井内压力的控制，达到一级井控状态。这就是平常我们说的井喷抢险，可能有时还需要灭火、打救援井等各种具体技术措施。

通常情况下，力求一口井保持一级井控状态，同时做好一切应急准备，一旦发生井涌和井喷能迅速做出反应，及时加以处理，尽快恢复正常施工作业。

长庆油田石油与天然气钻井井控工作的原则是"立足一级井控，强化二级井控，做好三级井控预案"。井控工作"关键在领导、重点在基层、要害在岗位"。为了纠正过去在井控安全工作认识方面的误区，长庆油田提出了"九个不要以为"的思想，具体内容如下：

第一，不要以为超低渗透地层不会发生井喷。回顾长庆油田近些年发生的几起较大井控险情，大部分都在低渗透区域。

第二，不要以为低压油气田不会发生井喷，如果措施不当照样会发生井喷；即使是低压区域，在局部也是有高压的。

第三，不要以为井控安全就是气田的问题，油田不会有问题。这些年长庆油田在气田没有出现井控险情，发生的几起都是在油田区域。特别是在高气油比区域，极易发生井控事故。

第四，不要以为自己项目组目前没有发生井喷和溢流就永远不会发生井喷、溢流；要把别人的井喷事故当成自己的事故，如果不认真总结教训，那么发生事故是必然的。

第五，不要以为井控只是乙方的事，只是施工单位的事；按照中国石油天然气集团公司（以下简称集团公司）的要求，井控安全工作也有甲方的责任。

第六，不要以为井控工作仅仅是工程上的问题；其实井控工作既有工程上的问题，也有地质上的问题，是工程、地质两方面的事情。

第七，不要以为井控只是钻井队的事情；从某种程度上来讲，井控工作的好坏更取决于录井队，如果录井人员坐岗发现问题不及时，那么大部分责任就在录井上。

第八，不要以为井控工作只是钻井过程中会发生的，试油、投产、修井等过程照样会发生井喷。

第九，不要以为长庆油田的油田、气田不含 $H_2S$，没有有毒有害气体，其实不然，气田的部分区域 $H_2S$ 含量非常高，陇东油田很多区块都含有 CO。CO 不容易发现、隐蔽性强，但毒性非常大，CO 中毒的事件也发生过多起，所以在任何时候都不能掉以轻心。

长庆油田井控工作的目标就是通过严格执行相关规章制度，加大钻井过程中的监控，做好井控设计的执行等，做到尽力减少溢流，最大限度遏制井涌、井喷，杜绝井喷失控和着火。

为了将井控工作的各项管理制度落到实处，针对性提出要把"有、能、会、可"井控措施落实到每一个环节、每一个岗位。其主要内容如下：

"有"就是有齐全的井控设施，因地制宜，该用的设备要用。

"能"就是要能及时发现溢流，这是关键，必须要加强坐岗，要及时发现，及时处理。

"会"就是要做到会正确操作井控设备，不能一遇到险情就乱了阵脚、管线接反、阀门乱开。会操作要靠培训和演练，利用现在的井控实训基地多培训、多学习。

"可"就是可有效控制，保证设备的完好性，平时要加强设备保养和维护，以及设备的回场检修等工作。

长庆油田要求各单位要高度重视井控工作，贯彻集团公司"警钟长鸣、分级管理、明晰责任、强化监管、根治隐患"的井控工作方针，树立"以人为本""积极井控"的理念，严格细致，常抓不懈地搞好井控工作，实现钻井生产安全。

## 二、与井控有关的概念、区别和联系

### （一）与井控有关的概念

（1）井侵：当地层孔隙压力大于井底压力时，地层孔隙或裂缝中的流体（油、气、水）将侵入井内，通常称为井侵。常见的有油侵、水侵和气侵。

（2）溢流：当井侵发生后，井口返出的钻井液量大于泵入量，或停泵后井口钻井液自动外溢，这种现象称为溢流。

（3）井涌：溢流进一步发展，钻井液涌出井口的现象称为井涌。

（4）井喷：地层流体（油、气、水）无控制地涌入井筒，喷出转盘面（井口）2m以上的现象称为井喷。井喷流体自地层经井筒喷出地面称为地上井喷；井下高压层的地层流体把井内某一薄弱层压破，流体由高压层大量流入被压破的地层的现象称为地下井喷。

（5）井喷失控：井喷发生后，无法用常规方法控制井口而出现敞喷的现象称为井喷失控。井喷失控又可表现为环空失控、管柱内失控、地面失控和地下失控四种形态，不论是哪种形态，均是钻井工程中性质严重、损失巨大的灾难性事故。

（6）井喷着火：井喷发生后，喷出的可燃物（原油或天然气等）遇到火源而发生着火的现象。井喷着火会造成巨大的经济损失。

井侵、溢流、井涌、井喷、井喷失控和井喷着火反映了地层压力与井底压力失去平衡后，随着时间的推移，井口所出现的几种现象及事故发展变化的不同阶段和严重程度。

## （二）与溢流有关的概念

### 1. 决定溢流严重程度的主要因素

1）地层允许流体流动的条件

地层的渗透率、孔隙度以及裂缝的大小和连通情况是决定地层流体流动条件好坏的主要因素。地层的渗透率表明地层流体的流动能力；地层的孔隙度及裂缝大小表明地层容纳流体空间的大小。高渗透率和高孔隙度、裂缝大、连通性好的地层发生严重溢流的可能性比较大。

2）井底压力与地层压力的差值

若井底压力比地层压力小得多，就存在较大的负压差。这种负压差，再遇到高渗透率、高孔隙度或裂缝大、连通性好的地层，就可能发生严重溢流。

设井底压力为 $p_b$，地层压力为 $p_p$，则井底压差为井底压力与地层压力之间的差值，即：

$$\Delta p = p_b - p_p \tag{1-3}$$

当井底压力 $p_b$ 等于地层压力 $p_p$ 时，即 $\Delta p = 0$，通常称为平衡状态；

当井底压力 $p_b$ 大于地层压力 $p_p$ 时，即 $\Delta p > 0$，称为正压差，通常称为超平衡状态；

当井底压力 $p_b$ 小于地层压力 $p_p$ 时，$\Delta p < 0$，称为负压差，通常称为欠平衡状态；

当井底压力 $p_b$ 近似于地层压力 $p_p$ 时，即 $\Delta p \cong 0$，通常称为近平衡状态。

在钻井正常施工过程中，完全达到井底压力 $p_b$ 等于地层压力 $p_p$，即 $\Delta p = 0$ 的平衡状态几乎是不可能的，我们追求的是井底压力 $p_b$ 近似等于地层压力 $p_p$，即 $\Delta p \cong 0$ 的近平衡状态。此时 $\Delta p$ 的取值为：

对于油井：取 1.5~3.5MPa；

对于气井：取 3.0~5.0MPa。

### 2. 溢流的分类

（1）根据流入井筒的地层流体种类分，常见的溢流流体有：天然气、石油、盐水、硫化氢、二氧化碳等。若气体进入井内，就称为气体溢流，若是 $2m^3$ 气体进入井内，则称 $2m^3$ 气体溢流。若是原油或盐水等液体进入井内，就称为液体溢流。

（2）根据井控技术要求，排除溢流所需的钻井液密度增量来区分，如排除溢流所需的钻井液密度增量为 $0.1g/cm^3$，则称为 $0.1g/cm^3$ 的溢流。

### 3. 井侵、溢流、井喷的区别与联系

（1）井侵时，井内压力不一定失去平衡，即使在地层压力小于井内液柱压力时，井侵也会发生，这时，油气可通过钻头破碎岩石（破碎侵入）、井壁

扩散（扩散侵入）、钻遇的大裂缝或溶洞（置换侵入）等方式侵入井筒钻井液中。

井侵对钻井液液柱压力的降低是不大的，一般不会严重影响井内压力平衡，但仍应注意观察井侵是否加剧，并及时采取措施排除钻井液中的油气，否则会导致井内钻井液密度不断降低，将有可能导致井内失去压力平衡导致溢流甚至井喷。

（2）溢流是井内压力失去平衡后发生的，说明井内钻井液液柱压力已不能平衡地层压力。其现象是出口管钻井液液量增大，停泵后仍有钻井液自动外溢。应通过节流阀维持循环，排除溢流，提高钻井液密度，恢复井内压力平衡。

（3）井喷是溢流失去控制，井内压力迅速降低，井内压力失去平衡而导致的。其现象是井内大量的钻井液或油、气混合物喷到地面。应迅速按"关井程序"控制井口，并记录、收集数据，进行压井作业。

井侵、溢流、井喷三者之间是密切联系的。井侵是溢流的先兆，溢流是井喷的先兆，井喷是溢流的发展结果。

井侵发生后，如果不采取排除油气措施，受污染的钻井液再次泵入井内，井内钻井液密度会迅速降低，井内压力失去平衡，将导致溢流、井喷的发生。

因此，在钻井过程中，应该重视井侵、警惕溢流，严格执行有关井控技术规定，及早发现溢流，并迅速正确地处理，防止井喷发生。

# 第二节　井控坐岗

## 一、钻井与录井双坐岗的基本要求及岗位职责

### （一）钻井井控坐岗的基本要求及岗位职责

井控坐岗是现场井控工作的关键关键，井控坐岗的主要任务是能第一时间发现井下异常，减少或避免施工现场的井控风险。长庆油田公司规定当钻井作业进入油气层前100m实行由井控坐岗工和录井工双坐岗。

《长庆油田钻井井控实施细则》第三十五条严格规定了钻井井控坐岗的内容及要求：

在油气层钻井过程中要加强坐岗观察，及时发现溢流。坐岗要求为：实行钻井、录井双坐岗，坐岗人员每15min按钻井、录井坐岗观察记录要求记录一次坐岗情况。

钻井队坐岗内容为：钻井液出口量变化、性能变化及液面增减情况，起钻钻

井液灌入量或下钻钻井液返出量、有毒有害气体含量。坐岗人员发现溢流征兆等异常情况时，应立即报告司钻，停钻观察，根据实际情况及时采取相应措施。天然气井发现溢流征兆等异常情况，应立即停钻关井节流循环 1~2 周确认是否发生溢流，并根据实际情况及时采取相应的井控措施。

《长庆油田钻井井控实施细则》第六十八条严格规定了钻井井控坐岗的职责：

（1）进入油气层前 100m 由井控坐岗工和录井工开始坐岗。钻进中每 15min 监测一次钻井液（罐）池液面和气测值，发现异常情况要加密监测。起钻或下钻过程中核对钻井液灌入或返出量。在测井、空井以及钻井作业中还应坐岗观察钻井液出口管，及时发现溢流显示。坐岗情况应认真填入坐岗观察记录。

（2）井控坐岗工坐岗记录包括时间、工况、井深、钻井液灌入量、钻井液增减量、原因分析、记录人、值班干部验收签字等内容。录井工坐岗记录包括时间、工况、井深、地层和气测数值等内容。

（3）坚持"发现溢流立即关井，疑似溢流关井检查"的原则，井控坐岗工在发现溢流和疑似溢流、井漏及油气显示异常情况应立即报告司钻，组织关井。录井工在坐岗时发现气测值异常等情况，应立即下发异常情况通知单，告知钻井队值班干部。

## （二）录井井控岗位的基本要求及岗位职责

录井坐岗观察要加强地层对比，及时提出地质预告。其坐岗内容为：油气显示情况或全烃含量、有毒有害气体含量、下钻循环后效监测值、钻井液循环罐（池）液面变化情况，起钻钻井液灌入量或下钻钻井液返出量，钻时、钻具悬重、泵压等变化情况。发现异常情况时应立即通知司钻或钻井队技术员。

《长庆油田录井井控实施细则》中严格规定了录井井控坐岗的职责：

### 1. 录井队长职责

（1）贯彻执行上级井控管理有关文件规定、标准和要求，全面管理现场录井井控安全工作。

（2）组织录井人员参加钻井队组织的井控工作交底会，并进行地质交底，参加钻井队的生产会。

（3）组织搞好井控坐岗和有毒有害气体检测预报预防工作。

（4）加强随钻地层对比，及时提出地质层位及油气层预报。

（5）搞好本队应急演练，组织员工参加钻井队组织的井控预案演练。

（6）负责仪器、安全防护设备设施、消防器材的定期检查工作，确保录井仪器和安全设备设施运行有效。

（7）做好防火防爆和消防管理，建立和落实异常预报工作。

（8）落实现场井控培训，定期进行井控制度落实检查和问题整改。

（9）做好安全防护设施管理，落实防 $H_2S$ 及 CO 措施，异常时按要求启动应急预案，组织做好防范和撤离工作。

**2. 仪器操作工职责**

（1）负责录井设备设施、安全防护设施日常检查、维护和保养。熟练掌握安全防护设施及检测仪器的使用方法和操作规程。

（2）负责盯屏坐岗，观察流量、池体积、气测值及其他工程录井参数的变化，并适时与循环罐坐岗人员核对数据。

（3）发现异常情况立即汇报当班司钻或钻井值班干部，并填写《异常预报通知单》。

（4）遇显示按《石油天然气探井录井资料采集与整理操作规程》（第三版）收集齐全各项地质资料。

（5）清楚不同尺寸管具每柱的本体体积、环空容积及内容积。

（6）落实坐岗制度，严格执行操作规范。

（7）按照"早发现、早预报、早处置"要求，落实防 $H_2S$ 及 CO 措施和应急程序。

（8）熟练掌握录井井控应急预案，积极参加井控演练，主动提高井控意识和操作技能。

**3. 采集工职责**

（1）负责安全防护设施日常检查、维护和保养。熟练掌握安全防护设施及检测仪器的使用方法和操作规程。

（2）在捞取岩屑同时观察出口流量、岩性、气味、槽面气泡、油花等变化情况，并做好记录。

（3）按地质设计测量钻井液密度、黏度，掌握变化情况，并做好记录。

（4）发现异常情况立即汇报当班司钻或钻井值班干部，并填写《异常预报通知单》。

（5）遇显示按《石油天然气探井录井资料采集与整理操作规程》（第三版）收集齐全各项地质资料。

（6）落实坐岗制度，严格执行操作规范。

（7）按照"早发现、早预报、早处置"要求，落实防 $H_2S$ 及 CO 措施和应急程序。

（8）熟练掌握录井井控应急预案，积极参加井控演练，主动提高井控意识和操作技能。

## 二、现场井控坐岗常见的问题及预防措施

### (一) 钻井现场井控坐岗常见的问题及预防措施

在作业现场，井控坐岗工经常出现不及时测量液面、补填、错填、涂改坐岗记录；擅自离开岗位、睡岗或做与本岗位无关的工作；值班干部不及时签字确认坐岗记录、不核对数据即签字及坐岗工代替值班干部在坐岗记录上签字等现象。具体表现在如下各方面：

(1) 坐岗工不及时测量液面、补填、错填、涂改坐岗记录；

(2) 坐岗工坐岗期间擅自离开岗位、睡岗或做与本岗位无关的工作；

(3) 坐岗工发现钻井液液面异常（不能确定是否发生井漏、溢流的情况下）未及时与录井工沟通、核对液面或未找出原因；

(4) 坐岗工对发生井漏、溢流情况下的各种直接、间接显示不清楚；

(5) 坐岗观察时发现液面上涨或下降，在不明原因的情况下先找原因，没有先按溢流或井漏处理；

(6) 坐岗工对钻井液循环罐（池）的结构，罐（池）间的连接方式，阀门开关情况不清楚；

(7) 吃饭时间无人坐岗，进入目的层钻进时未执行双坐岗；

(8) 坐岗工发现溢流时先汇报井队值班干部或当班监督的情况，未直接通知司钻关井后再汇报；

(9) 值班干部没有对坐岗工在上岗前或坐岗过程中进行相关培训；

(10) 值班干部不及时签字确认坐岗记录、不核对数据即签字及坐岗工代替值班干部在坐岗记录上签字；

(11) 不按照《长庆油田钻井井控实施细则》规定的时间（钻进中每15~30min监测一次钻井液密度、黏度及液面，发现异常加密监测）测量液面；

(12) 死板执行起下钻每3~5柱钻杆或1柱钻铤测量一次灌返量，而不考虑起下3~5柱钻杆或1柱钻铤的时间超过15~30min范围（如起下钻时出现井下复杂或倒换大绳维修设备等情况）；

(13) 部分工况（如固井候凝、处理井下/设备事故、等待设备/钻具上井、地震放炮等情况）下不坐岗；

(14) 对本井钻头尺寸、钻时、钻速、入井套管内容积、入井钻具开闭排量等相关生产数据不熟悉；钻具上装有浮阀情况下的下钻是开闭排不清楚；

(15) 不能根据本井钻时/钻速、钻头尺寸计算出钻进时理论减量；

(16) 钻井液某一时间内增减量过大时，坐岗记录说明栏内填写不明，不得出现"补充等于（或大于、小于）消耗"等情况（必须以数值记录方式记录，

如加胶液、补充钻井液等情况，填写时应按照钻井液单位时间内的增减量填写，例如以 0.5m³/h 速度添加胶液，10：00~10：30 加入 0.5m³ 胶液等方式）；

（17）坐岗记录说明栏内钻井液消耗方式及数量填写不明（如钻进时实测值与理论值累计差值为−3.6m³，钻进时理论减量为−0.7m³，则应填写地层漏失/地面损耗 2.9m³）；

（18）擅自将目的层坐岗由 15min 测量一次密度、黏度、液面改为 30min 测量一次。

### （二）录井井控工作中的常见问题

（1）对井控安全的有关文件、规章制度、要求等学习领会不够，录井单位对录井队的培训措施监管不力。

（2）录井队对"井控汇报制度"没有引起高度重视。对油气侵异常、地层厚度异常、地层压力异常、井控安全隐患等不及时向上级部门汇报。

（3）油气水漏等显示发现后汇报不及时，对于疑似溢流没有严格执行"先报警，再核实填写异常预报通知单"的规定。

（4）遇到显示，不能对密度、黏度、氯离子含量及池体积进行加密测量。

（5）过程资料收集不齐全，如处理钻井液"四要素"（时间、井段、药品名称及数量）资料收集不全。

（6）部分录井人员工作责任心不强，井控安全危害因素识别不够，井控安全意识淡薄，思想麻痹，存在侥幸心理。

（7）部分录井队伍井控应急演练内容不具体，人员落实不到位，总结讲评走过场，应急演练流于形式。

（8）在起钻、下钻等过程中不按要求到高架槽出口（振动筛）前实施观察，不能及时发现溢流。

（9）技术人员对操作工井控坐岗知识培训不够，致使操作工对坐岗的具体内容不了解、要求不掌握，目的不清楚，意义不明白，发生险情手忙脚乱，不知所措。

井控坐岗员是现场井控工作中最关键的岗位，现场整个井控工作成败的关键是及时准确的发现溢流，迅速果断的实施关井。为了发现和保护油气层，提高油气井的采收率，长庆油田公司提出了"立足一级井控，搞好二级井控，杜绝三级井控"的井控工作原则。井控工作"关键在领导、重点在基层、要害在岗位、核心在人"。井控工作要做到"万无一失"，一切都要落实在岗位上，而坐岗工尤其关键。因此，搞好井控工作的关键在于井控坐岗员的认真观察、连续坐岗，及时发现在不同工况下的溢流显示，并及时校核钻井液量的变化，及时提醒灌浆，报告险情迅速控制井口。

# 第二章　井控险情发生的原因、征兆与检测

本章主要内容包括井控险情概述；井控险情发生的主要原因分析；溢流险情发生的现象、检测方法及预防措施。

## 第一节　井控险情概述

### 一、井控险情的概念及汇报程序

#### （一）井控险情的概念

所谓"险情"字面解释就是容易发生危险的情况。石油现场施工过程中的井控险情就是指凡是能够或者有可能导致井喷事故或者有毒有害气体伤人事故发生的所有因素或现象。它包括油（气）侵、溢流险情、井喷，硫化氢气体超标，一氧化碳气体超标等。

#### （二）井控险情的汇报程序

长庆油田工程技术管理部制定的《长庆油田井控险情管理办法》中规定井控险情汇报程序为：

（1）井控险情汇报实行零报告制度。

（2）发生井控险情后，施工单位应立即向所属项目组、监督部同时汇报。

（3）项目组接到汇报后应向油田公司井控主管部门上报。溢流险情 8h 之内上报，发现溢流险情、可燃气体及有毒有害气体 4h 之内上报。快报格式见本章附件 1。

（4）监督部接到汇报后及时向所属监督公司上报。溢流险情 8h 之内上报，发现溢流险情、可燃气体及有毒有害气体 4h 之内上报。监督公司应及时向井控主管部门上报。

（5）发生井喷及井喷失控时，应依照井控实施细则规定的程序进行汇报。

（6）油田公司井控主管部门根据井控险情的严重程度，向油田公司主管领导汇报。

### （三）井控险情汇报的要求

（1）项目组、监督部应认真落实井控险情零汇报制度，确保井控险情"第一时间上报、第一时间掌握、第一时间处置"，以便及时掌握险情动态，更好地启动井控应急预案，防止处置不当使事态扩大。

（2）现场监督部应将井控险情等情况及时收集，在当日监督报表上反映，并及时进行口头及书面汇报。

（3）发生井控险情后项目组应有专人收集资料，随时保持各级通信联络畅通无阻，并有专人值班。

（4）各项目组每月 5 日前将当月的井控险情以书面形式汇总上报。汇报内容应尽可能详细，必须有险情详细说明、图片或录像。汇报格式见本章附件 2、附件 3。

（5）项目组、监督部要建立险情月度分析制度，分析存在阶段性的井控问题，制定针对性措施，指导现场井控管理工作。

（6）对发生的井控险情，严禁迟报、漏报、谎报、瞒报。

（7）井控险情上报情况作为险情处置费用补助的依据。对上报的险情井控主管部门将认真进行调查、分析，对因人为因素造成的井控险情不予以补贴，并追究相关责任。

（8）施工单位未及时上报，不签认补助工作量，并扣违约金 10000 元。未及时上报延误处置时机造成险情恶化的，视情节严重程度，扣违约金 50000～100000 元，并吊销施工资质。

（9）监督公司未及时上报，扣违约金 20000 元。未及时上报延误处置时机造成险情恶化的，视情节严重程度按照相关规定追究责任。

（10）项目组未及时上报，将进行通报批评。未及时上报延误处置时机造成险情恶化的，视情节严重程度按照相关规定追究责任。

## 二、井控险情的处置及要求

### （一）处置原则

（1）坚持"发现溢流险情立即关井，疑似溢流险情关井检查"的原则，做到第一时间成功关井。

（2）对发生的井控险情及时分级处置，对于一般性的出水溢流险情、轻微油气侵，由项目组、监督公司会同施工单位及时处置。对较复杂的井控险情，公司及时安排有处置经验的人员上井，共同制订处置方案，进行处置。

（3）在险情处置过程中，项目组、监督部根据处置进展随时汇报处置情况。

（二）处置要求

（1）井控险情发生后，项目组、监督部要第一时间上井指导现场压井作业。

（2）险情处置过程中，发生险情井周围停注、泄压的相关注水井不能恢复注水。

（3）当井漏、出水与井喷并存、防卡与防喷并存时，应遵循防喷优先的原则。

（4）项目组、监督部未及时赶往施工现场进行处置的，将进行通报批评，情节严重者按照油田公司相关规定追究责任或经济处罚。

## 三、井控险情预防的预防措施

（1）钻井、试油（气）队伍按照工程设计要求应安装、配备合格的井控设备及安全防护设施，并按规定及时检修和试压。

（2）项目组、设计单位在超前注水区、高气油比区、曾发生过溢流险情的区块，设计的钻井液密度值要参考邻井资料来确定，并考虑安全附加值。

（3）钻井队在进入目的层前100m，必须进行钻井液体系转化，调整好钻井液性能，密度达到设计要求，否则扣违约金5000元，并责令停钻整改。因未按要求转化钻井液体系造成井控险情的钻井队，视情节进行处理，性质严重的吊销施工资质。

（4）加强井控预警管理，在井漏、出水、井塌、遇阻、遇卡等井下复杂未处理妥善不能打开油气层。

（5）气田钻井承漏试验必须在进入第一个气层前进行。有本溪组的井，打开气层验收提前到进入该层100m前进行，井控工艺措施也要提前落实。

（6）钻井过程中在打开油气层后，若静止时间过长，按要求分段循环钻井液，防止后效诱发险情。试油（气）过程中打开油气层后应及时进行下步作业，等措施期间应下入不少于井深三分之一的管柱，并装好井口；若作业机或修井机出现故障，应及时安装简易井口或关闭防喷器。

（7）钻井过程中在测井起钻前应充分循环钻井液，至少测量一个循环周的钻井液密度，进出口密度差不超过 $0.02g/cm^3$，确保测井作业安全。

（8）下套管前按要求必须通井，处理好钻井液性能，进出口密度差不超过 $0.02g/cm^3$。通井结束后更换好与套管相匹配的防喷器闸板芯子，下套管过程中按要求及时灌浆。

（9）试油（气）作业根据油气层预测压力系数加上附加值来确定好射孔液（压井液）密度，射孔和起钻作业时应及时灌压井液，尽量减少空井时间。

（10）试油（气）作业队伍严格执行特殊条件下安全生产规定，遇到大风、大雾、大雪等恶劣天气时，应立即停止野外作业，严格管控夜间射孔、压裂酸化等大型施工。

（11）注水区域钻井时，应原则执行公司停注、泄压政策。打开油层之前，距离所钻井一个井距以内的注水井应进行停注；所钻井发生溢流等险情时，应对周围相关注水井彻底泄压。停注泄压后，在后期钻井过程中不能恢复注水作业，直至所钻井完井。具体执行参照《钻采工程方案》。

（12）对井控安全意识淡薄、井控设备试压、维护保养不到位、设备操作不当、井控措施落实不到位、管理制度落实不到位等导致发生险情的钻井、试油（气）队伍按照钻井、试油（气）井控管理处罚细则扣除违约金。造成井控险情扩大的施工队伍视情节进行处理，性质严重的吊销施工资质。

# 第二节　井控险情发生的主要原因分析

在钻井过程中，由于操作或地层等方面的原因，致使地层流体进入井内，从而导致溢流险情的发生，我们把这种溢流险情称为地层的非故意溢流险情。

溢流险情发生时，大量的地层流体进入井眼内，以致必须在井口设备承受一定压力的条件下关井。在正常钻进或起钻、下钻作业中，溢流险情可能在下列条件下发生：

（1）井内环形空间钻井液静液压力小于地层压力；

（2）溢流险情发生的地层具有必要的渗透率，允许流体流入井内，不能控制地层压力和地层渗透率。为了维持初级井控状态必须保持井内有适当的钻井液静液压力。

造成钻井液静液压力不够的一种或多种原因都有可能导致地层流体侵入井内。最普遍的原因是：井眼未能完全充满钻井液；起钻引起的抽汲压力；循环漏失；钻井液或固井液的密度低；异常压力地层；下钻速度过快；固井之后环空气体的流动。

下面对各种溢流险情原因进行分析。

## 一、地层的非故意溢流险情分析

### （一）井内未能完全充满钻井液

不论什么情况下，只要井内的钻井液液面下降，钻井液的静液压力就减小，当钻井液静液压力下降到低于地层压力时，就会发生溢流险情。

在起钻过程中，由于钻柱起出，钻拄在井内的体积减小，井内的钻井液液面下降，从而造成钻井液静液压力的减小。不管在裸眼井中哪一位置，只要钻井液静液压力低于地层压力，溢流险情就有可能发生。

在起钻过程中，向井内灌钻井液可保持钻井液的静液压力。灌入井内的钻井液的体积应等于起出钻柱的体积。如果测得的灌入体积小于计算的钻柱体积，说明地层内的流体可能进入井内，溢流险情将会发生。

为了减少由于起钻时钻井液没及时灌满而造成的溢流险情，在起钻中应该做到以下几点：

（1）计算起出钻具的体积或依照相关手册数据；

（2）测量灌满井眼所需要的钻井液体积；

（3）定期把灌入钻井液体积与起出钻具的体积进行比较，并记在起钻、下钻记录上；

（4）若两种体积不符要立即采取措施。

钻具的体积取决于每段钻具的长度、外径与内径。尽管体积的数值很容易计算，但是由于有钻杆接头的影响，所以钻具体积表还是特别有用的。对于大多数普通尺寸的钻杆与钻铤可直接从体积表查出。

由于钻铤的体积比钻杆的体积大，因此当起出钻铤时，向井筒内灌满钻井液是特别重要的，从井筒起出钻铤时灌钻井液体积应是起钻杆时的3~5倍。

实际灌入钻井液的体积可用钻井液补充罐、泵冲数计数器、流量表、钻井液液面指示器进行测量。

钻井液补充罐是可靠的灌注钻井液体积的测量设备。从井内起出一定数量的立柱之后，钻井液补充罐可以显示出需要灌入多少钻井液来充满井眼。钻井液补充罐是一个高而细的钻井液罐（容积为1.6~6.4m³）。钻井液补充罐常用50L或100L的来标注刻度。容积的测量可以使用这种刻度或者使用与正规钻井液罐上装的类似的气动浮子传感器来进行。

若井场没有钻井液补充罐，可以用钻井泵向井内灌钻井液，由泵的冲数计来计量泵入钻井液的体积。根据泵缸套尺寸和泵的冲程，就可以知道泵送1m³钻井液需要多少冲数。

只有精确知道泵的效率才能计算出精确的排量。

流量表可以用来监控泵送到井内的钻井液量。

钻井液罐液面指示器反映钻具起出井筒后应灌入的钻井液量。但是大钻井液罐里这种液面的变化不易检测出。可单独隔离一个小钻井液罐，这样就大大地提高了计量的灵敏度，它是一种可取的计量灌注钻井液量的方法。

不论使用哪种灌注钻井液的设备，灌入的钻井液量必须与起出钻具的体积进行比较，使之相等。

灌钻井液原则如下：

（1）至少起出 3 个立根的钻杆，在起出一个立根的钻铤时，就需要检查一次灌入的钻井液量。

（2）通过灌钻井液管线向井内灌钻井液，不能用压井管线灌钻井液，防止压井管线和阀门腐蚀，这样在应急的情况下就不能发挥其作用。

（3）灌钻井液管线不能与井口防溢管同一高度。如果两管高度相同则经过钻井液管线灌入可能直接从出口管流出，从而误认为井筒已灌满。

## （二）起钻引起的抽汲压力

只要钻具在井内上下运动就会产生抽汲压力和激动压力，至于是抽汲压力还是激动压力主要取决于钻具的运动方向。当钻具向上运动时（如起钻）以抽汲压力为主，钻井液在环形空间下落，但其下落速度常不如钻具起出的速度快，其结果使钻具下方的压力减小，并由地层流体来充填，以补充这种压力的减少，直到压力不再减小为止，这就称为抽汲。

如果吸入井内的地层流体足够多，井内钻井液的总静液压力就会降低，以致井内发生溢流险情。

无论起钻速度多慢抽汲作用都会产生。但能否导致溢流险情的发生，则要看井内环形空间的有效压力能否平衡地层压力。应该记住，只要井内环形空间的有效压力始终能够平衡地层压力，这样就可以防止溢流险情发生。

除了起钻速度外，抽汲程度也受环形空间大小与钻井液性能的影响。

影响抽汲压力的因素有井眼与钻具的几何尺寸、井深、钻井液的流变性、井底条件、地层问题、钻具的提升速度、井下钻具组合的规格等。

### 1. 井眼与钻具的几何尺寸

在抽汲压力产生过程中的一个最重要的因素是环空间隙，它是钻具（油管、钻杆、扶正器或钻具）与井眼（裸眼或下套管井）之间的间隙。环空间隙越小，钻井液流动就需要克服越大的阻力。由于井眼缩径、地层膨胀、地层坍塌或钻具泥包都会使环空间隙减小，这就更增加了抽汲产生溢流险情的机会。由于这些因素通常是不可控制的，因此，采用合适的起下钻作业，例如减小起下钻速度，就会减少因抽汲而引起溢流险情的机会。

影响环空间隙的其他几方面的因素。盐层和膨胀地层，有许多环空间隙减小是由于盐层和膨胀地层引起的，盐层在压力的作用下呈现出塑性流动而使井眼间隙减小，一旦开泵就会蹩泵。盐层塑性流动后紧贴在钻柱周围使环空间隙减小到很小。此外，黏土遇水膨胀也使环空间隙减小，从而增加了起钻产生抽汲压力的机会，由于环空间隙的减小，当起钻时扶正器和下部钻具可能粘卡从而引起严重的抽汲。

泥包：是指钻井液材料聚集在钻头、扶正器、钻具接头或钻柱其他部分。这种聚集增加了该点有效外径，减小了钻柱和井限之间的间隙。由于间隙减小，使转盘扭矩和起钻上提拉力增加。

起钻至套管鞋：起钻到套管鞋处有两种危险可能发生。一是扶正器或钻具卡在套管鞋上，其结果会使钻机损坏、钻具断裂、套管鞋被拉掉和钻具被卡。二是当下部钻具结构被拨进套管鞋时，间隙会减小，当部分钻柱或下部钻具结构泥包时也可能发生复杂的情况。

**2. 井深**

流动阻力的大小与井深成正比。井越深，流动阻力也就越大，起钻过程中引起的抽汲压力也越大。

**3. 钻井液的流变性**

抽汲压力取决于钻柱的起升速度和钻井液的流动，因此，起钻前的钻井液性能是很重要的。它主要包括黏度、切力、密度。

黏度：是允许液体流动的力。它也是产生抽汲的一个因素，如果液体变稠或黏度大，当起钻时它就很难流动，钻井液向下回落的速度就慢，特别是环空间除小时，回落的速度就更慢，井底压力的损失就较大，由此而产生的抽汲压力也就会很大。

切力：是钻井液中的固体颗粒间相互的吸引力。钻井液在静止时，黏土颗粒之间要形成网状结构，静止的时间越长，网架结构的强度越大，钻井液的静切力也随之增大，当钻井液由静止状态变为流动状态时，必须先克服静切力，然后钻井液才会流动，从而增大了钻井液的初始流动阻力。

在井内的钻井液和钻柱处于静止状态时，钻拄由静止状态变为运动状态，而钻井液不能在钻柱运动的同时立刻流动，必须克服钻井液的静切力后才能开始流动。因此，在上提钻具的开始，为了克服钻井液的静切力，会使井底压力减小，即产生抽汲压力。相反，下放钻柱开始会产生激动使井底压力增加。钻井液的静切力越大，产生的抽汲压力和激动压力也越大。

密度：当钻井液密度太低时，由于地层膨胀，会使环空间隙减小产生较大的抽汲压力。较高的钻井液密度能够减小抽汲作用，但过高的钻井液密度会使地层渗漏而使钻井液流入地层。因此，适当的钻井液密度能够减小抽汲压力的产生。

**4. 井底条件和地层问题**

一是取决于压差的大小，井底的压差越小，由此而产生的抽汲压力越大。二是取决于地层的性质，地层有必要的渗透率，允许地层流体进入井内。

### 5. 钻具的提升速度

起钻时，钻柱在井内的体积不断减少，钻井液要充填钻柱所空出的空间而向下流动，而使井底压力减小。

起钻的速度过快时，可能存在钻具上提所留下的空间钻井液来不及填充的现象，由此而引起较大的抽汲压力。钻柱的上提速度越快，产生的抽汲越大，发生溢流险情的潜在性越高，由于抽汲而产生溢流险情的机会随起钻速度的加快而增加。

### 6. 井下钻具组合的规格

不同的钻具组合，所构成的环空间隙不同，由此而引起的流动阻力不同，产生的抽汲压力也不同。下部钻具越长、结构越复杂，抽汲压力产生的机会就越大。带有一个扶正器的钟摆钻具结构所产生的抽汲机会和带有几个扶正器的钟摆钻具结构所产生的抽汲机会就不一样。

在实际起钻操作中，减少抽汲作用到最低程度的原则：

（1）抽汲作用总是要发生的，所以应考虑增加适当的安全附加值。

（2）钻具组合要合理，环形空间间隙要适当。

（3）使钻井液黏度、静切力保持在最低水平，防止钻头泥包。

（4）用降低起钻速度来减少抽汲作用至最低程度。

（5）用钻井液补充罐、泵冲数计数器、流量计或钻井液池液面指示计来监控过大的抽汲作用。起钻时产生的抽汲压力是引起井底压力减小的一个重要原因。

下面介绍两种检查抽汲压力的方法。

（1）核对灌入井内的钻井液量：这是一种简单易行的方法。在起钻过程中要向井内灌钻井液，灌入井内的钻井液量应等于起出钻具的体积，当灌入的钻井液量小于起出钻具的体积时，说明有较大的抽汲压力，地层流体已进入井内。

（2）短起下钻法：这种方法是正式起钻前，先从井内起出 3~5 根立柱，然后再下回井底，开泵循环。观察返出的钻井液，如发现钻井液有油、气侵现象，则说明由于抽汲压力引起地层流体进入井内。发现地层流体已进入井内后，应停止起钻作业，采取下一步措施。

### （三）循环漏失

循环漏失是指井内的钻井液漏入地层。这就引起井内液柱高度下降，静液压力减小。当下降到一定程度时，溢流险情就可能发生。

当地层裂缝足够大，并且井内环形空间的钻井液密度超过裂缝地层流体当量密度时，就要发生循环漏失。地层裂缝可能是天然的，也可能是由钻井液静液压力过大把地层压裂而产生的。

由于钻井液密度过高和下钻时的激动压力，使得作用于地层上的压力过大。在有些情况下，特别是在深井、小井眼里使用高黏度钻井液钻进，环形空间流动阻力可能高到足以引起循环漏失。以较快的钻速钻到黏土页岩时，也可能出现类似的情况。

激动压力与抽汲压力类似并受相同的参数影响，主要区别是激动压力是在下钻时引起的，而这种压力的变化使井底压力增加。尤其是下套管时的激动压力特别危险，因为这时环形空间的间隙太小，产生的激动压力也就很大。这时，很容易使套管被挤扁或永久变形。

进行地层压漏实验的过程中也会产生过大的井筒压力。进行这些作业必须谨慎，因为地面施加的压力都加进了整个液柱的静液压力之中。

减小循环漏失的一般原则是：

（1）设计好井身结构，正确确定下套管深度是防止漏失的最好办法。

（2）试验地层，测出地层的压裂强度，这样有助于确定下套管的位置，有助于当井涌发生时选择最佳方法。

（3）在下钻时，将激动压力减小到最低限度。

（4）保持钻井液处于良好的状态，使钻井液的黏度、切力维持在最小值上。

（5）做好向井内灌水、灌柴油、灌钻井液的准备。

## （四）钻井液或固井液的密度低

钻井液的密度低是溢流险情发生最常见的一个原因。一般情况下，钻井液密度过低造成的溢流险情与其他原因造成的溢流险情相比，更易于发现与控制。但若控制不当也会导致井喷的发生。

钻井液密度低可能是井钻到异常高压地层或断层多的地层，特点是地层内充满地层流体。

充满流体的地层发生井喷可能由于以下几种原因：如钻井密度设计偏低、错误地解释钻井参数、施工操作不当、固井质量不好、注入作业产生漏失、井的不合理的报废、发生过地下井喷的地层或浅气层等。

钻井液发生气侵有时严重地影响钻井液密度，降低静液压力。因为气体的密度比钻井液的密度小，所以气侵后钻井液密度会降低。一般情况下，如井内有少量的气体侵入，则对钻井液密度的影响不会太大（浅井除外）。因此，钻井液的静液压力不会下降的很多，井内失衡不会太严重。

在地面错误处理钻井液也是许多情况下造成钻井液密度降低的原因，如钻井泵上水管阀门错误打开，使钻井液罐中低密度钻井液泵入井内，泵入井内的水比预想的多，用清水清洗振动筛都会影响钻井液的密度。

雨水进入循环系统也会对钻井液密度造成很大影响并使钻井液性能发生很大转变。由于岩屑会使井内的钻井液密度增加，要在循环时向循环系统中加水，如果水加得太多，钻井液密度就会降的太低，造成溢流险情的发生。

处理事故时，向井内打入原油或柴油，会造成钻井液的密度减小，静液压力也随之减小。因此，在处理事故向井内注油时，应首先进行静液压力校核工作。

钻井过程中，在对钻井液的固相处理时，会使钻井液的密度降低。如用清水或其他低密度的流体来稀释钻井液，或用清水或低密度的新钻井液替换出一定量的高固相含量的钻井液时，使用离心机清除细小固相及胶体，清除钻屑或对旋流器的底流排出物进行二次分离，回收液相，排除钻屑，都会使钻井液密度下降，导致井内静液压力降低。

在固井时，固井液密度太低，会导致溢流险情的发生。可以通过节流回压来补偿，如果回压太低，也会发生溢流险情。

减小因钻井液密度不够引起井涌的一般原则如下：

（1）正确设计井身结构，尽量准确地估计地层压力；

（2）密切监控钻井参数和电测资料，以便在钻井过程中应用 $dc$ 指数法检测地层压力，对地层压力取得一个合理的估计值；

（3）安装适当的地面装置，以便及时除掉钻井液中的气体，不要把气侵的钻井液再重复循环到井内；

（4）保证钻井液处于良好状态，做到均匀加重。

### （五）异常压力地层

在钻井的过程中，经常遇到一些异常压力地层并对钻井造成危害。世界上大部分沉积盆地都有异常高压地层。沉积盆地中有几种异常压力形成的机理，如压实作用、构造运动、成岩作用、密度差作用、流体运移等均可形成异常压力地层。钻遇异常压力的地层并不一定会直接引起初级井控失败。如用低密度钻井液钻此类地层，初级井控才可能失败。事实上，更多的井喷是发生在正常压力地层而不是异常压力地层。对有可能钻到的高压井，设计时应考虑使用更好的设备而且更密切地注意防止可能发生的溢流险情。

## 二、地层的故意溢流险情分析

在油气勘探阶段，钻探各类探井的目的是发现和探明含油气构造或新层系。因此，在钻探过程中，遇有油气显示，按设计需要进行钻杆中途测试，以便及时发现和评价油气层。当探井完钻后，也需应用地层测试技术进行完井测试工作，目的是及时准确地获取对油气层全面工业性评价，为进一步扩大勘探提供翔实准确的资料。但在测试工作中，由于测试技术本身的要求，往往需要人为地造成井底压力小于地层压力，从而让地层流体进入井内，甚至到达地面，称为故意溢流险情。

## （一）钻杆中途测试

在钻井过程中钻遇油气层以后，为了及时了解有关生产层性能及其所含油、气、水等具体情况，需取得有关资料时可进行中途测试。

中途测试是用钻杆或油管柱将地层测试仪器下到待测试层段，由于测试压差的作用，使测试层段的地层流体进入井内和测试钻杆内，甚至流至地面，通过分析、解释获得在动态条件下地层和流体的各种特性参数，从而及时准确地对产层做出评价。

在进行施工的过程中，由于是故意引导地层流体进入井内，操作不当很容易引起井喷的发生。因此，应该做到以下几点：

（1）应保证井控装置灵活好用、各管线畅通无阻、各部件按要求试压合格。

（2）现场储备的钻井液量及其性能，应能保证处理可能会遇到的任何井喷。

（3）测试工具的井口控制头能承受可能出现的最高压力。在高压、高产天然气井使用常规测试管柱测试时，最好在管柱中增装安全阀，以防止流动期间上部管柱意外断落造成管柱内井喷失控而难于处理。

（4）测试工具下钻和起钻中，应观察、记录井筒内和地面循环系统的总钻井液量变化，特别注意总量剧增的异常情况。

（5）起钻防止抽汲井喷，遇小井径井段时要放慢上起速度，起钻中保持环空钻井液灌满。如果遇到"灌不进"时，就耐心等待上部环空钻井液通过测试器旁通阀流到封隔器以下的井段，保证有足够的静液柱压力。

## （二）完井

完井是钻井工程最后一个重要环节。其主要内容包括钻开油气层、确定完井方法、安装井底及井口装置和诱导油气流。最终目的是让地层流体故意进入井内。

由于油、气所储存的地层中的能量不同，在生产层被打开以后，可能会出现两种情况：一种是在一定的液柱压力下，油、气井能自喷，另一种是在一定的液柱压力下不能自喷。

对于因液柱压力大，不能自喷的井，应采取降低井内液柱压力的办法诱导油、气流进入井筒。具体的措施可从降低井内液柱高度和钻井液密度两方面入手，属于这类的诱导油流的方法有替喷法、抽汲、提捞和气举法等。因此，在采用上述方法进行施工的过程中就有可能导致溢流险情的发生。

# 第三节　溢流险情发生的现象、检测方法及预防措施

## 一、溢流险情发生的现象及检测方法

《石油与天然气钻井井控技术规定》明确指出，尽早发现溢流险情显示是井控技术的关键环节。从打开油气层到完井，要落实专人坐岗观察井口和钻井液池液面的变化。

地层流体流入井筒会给钻井参数、钻井液参数、井筒状态等方面带来变化，这些变化称为溢流显示。在钻井的各种作业中，及时发现溢流，正确关井是防止发生井喷的关键。这时争取时间非常重要。发现和识别溢流的各种显示，并在各自的岗位上采取正确的关井操作，是井队每个人员的重要职责。

概括来讲，钻井人员应当做到下列几点：

（1）懂得各种溢流险情的原因。环形空间钻井液静液压力小于地层压力，就有可能发生溢流险情。

（2）使用适当的设备和技术来检测意外的液柱压力减少。

（3）使用适当的设备和技术来检测可能出现的地层压力增加。

（4）要能识别各种表示静液压力与地层压力之间不平衡的显示。

（5）认识到溢流险情有可能发展。

（6）如遇溢流险情，应立即采取措施。

### （一）钻井设计时进行的溢流险情检测

在井的设计中，先要对邻近井的资料进行地层对比、地质预报分析，得到预计的压力剖面和可能的溢流险情点，方可作出钻井的最后设计。在设计中要做到以下几点：

（1）使套管、地层压裂梯度、设计具有相容性；

（2）提出监测与防喷设备的适当的选择与安装；

（3）预计地层的各种特性（岩性、压力以及可能的溢流险情地层）；

（4）确定在溢流险情或井喷时的应急措施。

### （二）钻井时可能溢流险情现象及检测方法

**1. 钻井时可能溢流险情现象**

钻井时可能出现溢流险情的现象包括间接显示现象和直接显示现象。

1）间接显示现象

（1）机械钻速增加。

（2）$dc$ 指数减小。

（3）页岩密度减小。

（4）岩屑尺寸加大，多为长条带棱角，岩屑数量增加。

（5）转盘转动扭矩增加，起下钻柱阻力大。

（6）蹩跳钻，放空，悬重发生变化。

（7）循环泵压下降，泵冲数增加。

（8）在渗透性地层发生井漏时，当井底压力低于地层压力时，就会发生井涌。

（9）综合录井仪显示全烃含量增加。

2）直接显示现象

（1）出口管钻井液流速的加快。

（2）钻井液罐液面的升高。

（3）停泵后出口管钻井液的外溢。

（4）钻井液的变化：返出的钻井液中有油迹、气泡、硫化氢味；钻井液密度下降；钻井液黏度变化。

**2. 钻井时主要溢流险情现象分析**

1）机械钻速的变化

机械钻速主要取决于井底压力（大部分是静液压力）与地层压力的差值。在地层压力增加而井底压力维持不变的条件下，压差是会减少的。在这种情况下，可以得到较高的机械钻速。

机械钻速的迅速增加是一种钻速突变。钻速突变表明钻头已钻到地层压力超过井内压力的地层。如怀疑钻到异常压力，应停钻检查井的流量情况。如果在停泵时井内流体继续流出，说明溢流险情在发展。在危急情况下，即使没有流体流出也应当自上而下地进行循环。这样可调整好钻井液性能，以保证井内没有地层流体进入。

地层岩性改变时可以同样发现机械钻速的显著变化。有时会出现机械钻速剧烈下降。这同样是一种钻速突变，而且应当立即进行检查。

2）岩屑的变化

岩屑的观察与分析同样可以指示地层压力变化的情况。压差减少，大块页岩将开始坍塌，这些坍塌的"岩屑"很容易识别，因为它们有特殊的尺寸和形状。这些岩屑比正常岩屑大一些，并呈长条、带棱角或者像一只开口凹形的手掌。

如果钻井液不能够悬浮并清除大量的大岩屑，坍塌的页岩将下沉，积聚在井底。结果是增加井底填充物，钻进时扭矩增大，起下钻阻力增大。

录井人员所做的页岩岩屑的详细化学与物理分析，可以提供附加资料。页岩单位体积重量的减少或者页岩矿物成分的某些变化可能与地层压力的增加有关系。

3）钻井液性能的变化

钻井液循环可能把所钻的井下地层岩屑带上来。当然，采集钻井液是一种采集岩屑进行观察与分析的手段。同样，钻井液也是侵入井内的地层流体的携带者。地层流体，天然气、油、盐水或钻井液密度不足以平衡地层压力时会进入井内。如果侵入量大，就会发生溢流险情。如果侵入量小（尽管可能是连续的），地层渗透性很差，则大段页岩井段内可以安全地进行"欠平衡"钻进。

起钻以及接单根时的抽汲作用能降低有效静液压力，也可使地层流体进入井内。假如钻井液的静液压力比地层压力高得多，侵入体积通常是小的。但是，若在钻具运动前该压差小那么很容易引起溢流险情。

4）钻井液柱高度降低

井内钻井液液面的下降会降低静液压力。钻井人员应当认识到静液压力下降到一定程度时，就有可能导致溢流险情。

井漏会降低井内的钻井液液面。钻井液柱高度的降低取决于地层压裂梯度与漏失层位的深度，井内液柱压力超过地层压裂强度时，就会造成井漏。

高密度钻井液以及起下钻时的压力波动，会使地层受到过大的压力，特别是在深井小井眼内静液压力加上环形空间的摩擦压力损失有可能高到足以破坏地层。

井漏的第二种显示是钻井液罐液面下降。这种情况发生在泵入井内的钻井液量大于返出的钻井液量。排出管线上相对流量剧烈下降时，井漏首先能检测出来。

**3. 钻井时已发生溢流险情现象的检测方法**

钻进时溢流险情信号表示地层内的流体可能正在进入井内，钻井人员应当立即关井以控制溢流险情。如果是压裂地层就不能关井，应当把井内的流体安全地向井场外分流。

地层流体侵入井内，会在钻井液循环系统引起两种显著的变化。首先是侵入流体的体积增加了在用钻井液系统的钻井液总量；其次是钻井液返回的排量超过钻井液泵入量。

这两种变化可用下列方法检测：

（1）排出管线相对排量增加；

（2）停泵，井内流体继续排出；

（3）罐内钻井液体积增加；

（4）泵压降低，排量增加；

（5）在起钻时，灌入的钻井液量不正常。

## 二、起下钻及空井时已发生溢流险情的现象及预防措施

### （一）下钻时的溢流险情显示现象及预防措施

**1. 下钻时溢流险情显示现象**

（1）返出的钻井液体积大于下入钻具的体积。

（2）下放停止、接立柱时井眼仍外溢钻井液。

**2. 下钻时溢流险情预防措施**

下钻时，进入油气层前300m要控制下钻速度，避免因压力激动造成井漏。在下部钻具结构中配有浮阀等特殊工具下钻时，中途打通钻井液后，再每下5~10柱钻杆灌满一次钻井液，中途和到井底开泵前必须先往钻具内灌满钻井液，然后再开泵循环。

### （二）起钻时的溢流险情显示现象及预防措施

**1. 起钻时溢流险情显示现象**

（1）灌入井内的钻井液体积小于起出钻柱的体积。

（2）停止起钻时，出口管外溢钻井液。

（3）钻井液灌不进井内，钻井液罐液面不减少而升高。

**2. 起钻时溢流险情预防措施**

起钻时，在油气水层（含浅气层）顶面以上300m至井底要采用Ⅰ挡低速起钻，并每起3柱钻杆或1柱钻铤时要灌满钻井液一次；欠平衡井起钻时必须连续灌满钻井液，及时校核钻井液灌入量。起钻过程中，因设备故障停止作业时，要加密观察井口液面变化，待修好设备后再下钻到井底，循环正常后，重新起钻；在起钻过程中发生抽汲现象时，要停止起钻作业，开泵循环，正常后下钻到井底，待井底循环正常后，再重新起钻。起完钻要及时下钻，检修设备时必须保持井内有一定数量的钻具，且井口钻具要保持与防喷器闸板尺寸相匹配，确保随时关井。

### （三）空井时的溢流显示

（1）出口管外溢；

（2）钻井液罐液面升高。

由于岩屑气未能循环出井口、井壁扩散气或提钻时的抽吸作用进入井筒内的气体，在井内滑脱上升，其体积逐渐膨胀，会导致出口管外溢，并进一步引起钻

井液罐液面升高。

对溢流显示的监测不应只局限于上面所述的几种工况，而应贯穿在井的整个施工过程中。切记，判断溢流一个最明显的信号是：停泵的情况下井口钻井液自动外溢。

## 三、溢流早发现的基本措施

尽可能早地发现溢流显示，并迅速实现控制，是做好井控工作的关键环节。尽早发现溢流的基本措施包括以下四条。

（1）严格执行坐岗制度。

坐岗人员负有监测溢流的岗位职责，要充分认识到及早发现溢流的重要性，它关系到溢流是否会发展成为井喷、井喷失控或着火。因此，在一口井的各个施工环节，都要坚持坐岗，严密注意钻井液出口管、钻井液罐液面和钻井液性能的变化，发现溢流，及时报告。

（2）做好地层压力监测工作，特别是在探井的钻井过程中。

当 $dc$ 指数偏离正常趋势线时，要及时校核井底压力能否平衡地层压力，尽早发现异常高压地层。

（3）做好起下钻作业时的溢流监测工作。

起钻前要进行短程起下钻，判断抽汲压力的影响。起下钻过程中要及时核对钻井液灌入量或返出量与钻具排替量之间的关系。

（4）钻进过程中要密切观察钻井参数和录井参数的变化。

遇到钻速突快、放空、悬重和泵压等发生变化，或者发现钻井液出口温度增幅大、返出岩屑量多块大、气测异常等现场时，都要及时停钻观察，根据情况判断是否是发生了溢流。

# 附件1　钻井井控险情快报表

| 报告时间 | 年　　月　　日　　时　　分 | | | |
| --- | --- | --- | --- | --- |
| 发生单位 | | | | |
| 报告人姓名 | 职务 | | 电话 | |
| 现场负责人 | 职务 | | 电话 | |
| 地理位置 | | | | |

| 井况简介 | 井号 | | 井别 | | |
|---|---|---|---|---|---|
| | 设计井深,m | | 钻达井深,m | | |
| | 目的层位 | | 钻达层位 | | |
| | 作业内容 | | 当时钻井液密度 | | |
| | 可燃及有毒有害气体种类及含量 | | | | |
| 井口装备状况 | 防喷器状况 | | | | |
| | 节流管汇状况 | | 压井管汇状况 | | |
| 内防喷工具状况 | 钻杆回压阀 | | 方钻杆旋塞 | | |
| 险情具体状况 | 险情描述 | | 溢出物 | | |
| 周围500m内环境状况 | 居民 | 数量 | 江河 | 名称及数量 | |
| | | 距离 | | 距离 | |
| 人员伤亡情况 | | 险情处置情况 | | | |

# 附件2 井控险情书面报告样板

××–××井井控险情（溢流险情、油气侵）险情汇报

## 一、基本情况

一是要描述××公司××钻井队（试油队）承钻的××–××井、位于××省××县××乡××村以及井的周围情况（居民住宅、学校、厂矿、国防设施、高压电线、水

资源情况及道路交通等）等。

二是要描述基础设计：设计井深、目的层、钻井液性能、地层预测压力、邻井情况（注水井、可燃气体及有毒有害气体）、所属区块等。

三是要描述施工情况：描述井身结构、井下工况、钻井液性能等，内容包括一开时间，表层深度以及套管下深，二开时间，险情发生井深、井下工况、发生险情前使用钻头和钻具情况，钻井泵压以及发生险情前的钻井液性能。

补充说明事项：陈述与险情相关的现场问题，比如二开前试压情况，井控设备型号、队伍人员技术素质状况，对周围注水井停注泄压落实情况及现场加重材料储备等进行说明。

## 二、发生经过

描述发生险情的时间，所处工况，详细描述险情发现过程，井口返出钻井液变化情况（包括密度变化情况），以及钻时、泵压等变化情况。进行紧急关井后要描述套压和立压的变化情况。

## 三、处置过程

按时间段将每日处理经过进行描述，格式为：××日×:00－×:00 配加重钻井液××m³，密度××，套压××，立压××；×:00－×:00 注入井内××m³，返出钻井液密度××，套压降至××，立压××。

## 四、发生原因

从直接原因、间接原因进行分析，找出地层、井控措施落实、人员操作、设备配备安装、使用及维护等方面的原因。

## 五、吸取教训

对险情发生原因要有深刻认识，根据险情发生原因总结经验教训。

××厂××项目组

×年×月×日

# 附件 3  钻井井控险情（溢流险情）情况月度汇报表

项目组：＿＿＿＿＿＿＿＿

上报时间：＿＿＿＿＿＿＿＿

| 序号 | 项目组 | 井号 | 井别 | 所属区块 | 井深 m 设计 | 井深 m 钻达 | 层位 钻达层 | 层位 目的层 | 施工队伍 单位名称 | 施工队伍 队号 | 工况 | 钻井液性能 密度 | 钻井液性能 黏度 | 日期 | 险情类别 | 溢出物 | 险情描述 | 处理结果 |
|---|---|---|---|---|---|---|---|---|---|---|---|---|---|---|---|---|---|---|
| | | | | | | | | | | | | | | | | | | |
| | | | | | | | | | | | | | | | | | | |
| | | | | | | | | | | | | | | | | | | |
| | | | | | | | | | | | | | | | | | | |
| | | | | | | | | | | | | | | | | | | |
| 备注 | | | | | | | | | | | | | | | | | | |

填表人：＿＿＿＿＿＿＿＿

审核人（签字盖章）：＿＿＿＿＿＿＿＿

说明：(1)"险情类别"一栏填写油气侵、溢流险情，可燃气体及有毒有害气体泄漏等，"险情描述"填写溢流流量，可燃气体及有毒有害气体类别及含量等。

(2)有井控险情即按照表格要求认真填写，如无井控险情，即在备注栏中填"无"。

(3)各项目组每月5日前上报工程技术管理部井控管理科。

# 第三章 钻井过程中钻井液量变化量的确定

本章内容主要包括钻具体积的计算方法和井控险情发生时井筒返出钻井液变化量的确定。

## 第一节 钻具体积的计算方法

计算钻具体积常用的有三种方法:环形体积法、悬重计算法、实测法。

### 一、环形体积法

这种方法是用环形体积进行计算,计算时,考虑钻杆接头的加厚部分。

#### (一)钻铤体积的计算

钻铤体积用下列公式进行计算:

$$V_{铤} = \frac{\pi}{4 \times 10^6}(D^2 - d^2)L_{铤} \tag{3-1}$$

式中　$V_{铤}$——钻铤体积,$m^3$;

　　　$D$——钻铤外径,mm;

　　　$d$——钻铤内径,mm;

　　　$L_{铤}$——钻铤长度,m。

#### (二)钻杆体积的计算

钻杆体积用下列公式进行计算:

$$V_{杆} = \frac{\pi}{4 \times 10^6}(D_{本}^2 - d_{本}^2)L_{本} + \frac{\pi}{4}(D_{加}^2 - d_{加}^2)L_{加} + \frac{\pi}{4}(D_{头}^2 - d_{头}^2)L_{头} \tag{3-2}$$

式中　$V_{杆}$——钻杆体积,$m^3$;

　　　$D_{本}$——钻杆本体外径,mm;

　　　$d_{本}$——钻杆本体内径,mm;

　　　$D_{加}$——加厚部分外径,mm;

　　　$d_{加}$——加厚部分内径,mm;

$D_头$——接头部分外径，mm；

$d_头$——接头部分内径，mm；

$L_本$——本体长度，m；

$L_加$——加厚部分长度，m；

$L_头$——接头部分长度，m。

### （三）平均每米钻具体积

平均每米钻具体积用下列公式进行计算：

$$\overline{V} = \frac{V_铤 + V_杆}{H} \tag{3-3}$$

式中　$\overline{V}$——平均每米钻具体积，$m^3/m$；

　　　$H$——井深，m。

以上方法只需要了解，并不在现场中应用，若计算时，应注意统一单位。

## 二、悬重计算法

### （一）悬重计算法基本步骤

（1）起钻时，卸掉方钻杆后，读出此时井内钻具的准确悬重；

（2）用读出的悬重除以浮力系数、钢材比重、井深，即得每米钻具体积。

### （二）悬重计算法基本公式

悬重计算法计算公式为：

$$\overline{V} = \frac{W}{k\rho_钢 H} \times 10^{-3} \tag{3-4}$$

式中　$\overline{V}$——每米钻具体积，$m^3/m$；

　　　$W$——钻具悬重，kg；

　　　$k$——钻井液浮力系数；

　　　$\rho_钢$——钢材密度，$7.85g/cm^3$；

　　　$H$——井深，m。

浮力系数 $k$ 的计算：

$$k = 1 - \frac{\rho_液}{\rho_钢} \tag{3-5}$$

式中　$\rho_液$——井内钻井液密度，$g/cm^3$；

$\rho_{钢}$——钢材密度，7.85g/cm³。

## 三、实测法

### （一）实测法计算基本步骤

（1）起钻前，钻井泵停稳井口返出停止后，准确测量一次钻井液罐液面高度；

（2）起钻完井筒灌满钻井液后，再准确测量一次钻井液罐液面高度；

（3）根据两次测量的钻井液罐液面高度，换算成体积数再除以井深，即得每米钻具体积。

### （二）实测法计算基本公式

实测法计算公式为：

$$\overline{V}=\frac{\Delta hAB}{H} \tag{3-6}$$

式中　$\overline{V}$——每米钻具体积，m³/m；

　　　$A$——钻井液罐长，m；

　　　$B$——钻井液罐宽，m；

　　　$\Delta h$——两次测量的钻井液罐液面高度差，m；

　　　$H$——井深，m。

若有喷钻井液或井漏现象时应考虑附加量。

# 第二节　井控险情发生时井筒
# 返出钻井液变化量的确定

井筒出口管钻井液返出量增大，钻井液液面升高，起钻时钻井液灌入量小于起出钻具体积或灌不进钻井液，停泵或停止下放钻具时井口仍有钻井液自动外溢等现象都是溢流险情的直接而主要的显示。因此，通过观察，记录钻井液量的变化是及时发现溢流险情的主要手段。

## 一、钻进中井控险情发生时钻井液变化量的确定

### （一）钻井液变化量的确定原理

正常钻进中，随着井深的增加，井筒容积也不断增加。因此，在钻井液总量（井筒钻井液量+地面钻井液池中的钻井液量）没有人为变化的情况下，地面钻

井液池中的钻井液量将不断减少。

所以，正常情况下每钻进单位进尺，钻井液池中的钻井液减少量，至少应该等于井筒钻井液量增量。若钻井池中的钻井液减少量小于井筒钻井液增量或不减少反而有液面升高趋势，说明有地层流体侵入井内，发生了溢流险情。若钻井液减少量很明显，大大超过井筒钻井液增量时，说明井下出现漏失险情。

### （二）钻井液变化量的计算方法

#### 1. 钻进时，井筒容积增量的计算

钻进时，井筒容积增量的计算公式为：

$$\Delta V_{井筒} = \frac{\pi D^2}{4 \times 10^6} L \qquad (3-7)$$

式中　$\Delta V_{井筒}$——井筒容积增量，$m^3$；

　　　$D$——钻头外径，mm；

　　　$L$——钻头进尺，m。

#### 2. 钻进时，钻具体积增量的计算

钻进时，钻具体积增量的计算公式为：

$$\Delta V_{钻具} = V_{钻具} L \qquad (3-8)$$

式中　$\Delta V_{钻具}$——钻具体积增量，$m^3$；

　　　$L$——钻头进尺，m；

　　　$V_{钻具}$——钻具体积，$m^3/m$。

#### 3. 钻进时，井筒钻井液的增量的计算

钻进时，井筒钻井液增量的计算公式为：

$$\Delta V_{井筒钻井液} = \Delta V_{井筒} - \Delta V_{钻具} \qquad (3-9)$$

式中　$\Delta V_{井筒钻井液}$——井筒钻井液增量，$m^3$；

　　　$\Delta V_{钻具}$——钻具体积增量，$m^3$；

　　　$\Delta V_{井筒}$——井筒容积增量，$m^3$。

#### 4. 钻进时，地面钻井液减少量的计算

钻进时，地面钻井液减少量计算公式为：

$$\Delta V_{地面钻井液} = \Delta V_{井筒} + \Delta V_{自然消耗} \qquad (3-10)$$

式中　$\Delta V_{地面钻井液}$——地面钻井液减少量，$m^3$；

　　　$\Delta V_{自然消耗}$——自然消耗量（地面蒸发、地层渗漏、井径扩大等），$m^3$。

为了计算方便，应将钻井液池钻井液的变化用液面高度的变化来表示。

$$\Delta h = \frac{\Delta V_{井筒}}{nAB} \qquad (3-11)$$

式中　$\Delta h$——正常钻进中，每钻进单位进尺，钻井液罐至少应该下降的液面高度，m；

　　　$n$——钻井液罐数量（若钻井液罐大小不一，则应分别计算），个；

　　　$A$——钻井液罐长，m；

　　　$B$——钻井液罐宽，m。

实际工作中，每10~15min观察一次钻井液变化量，并量出钻井液液面变化高度，然后再换算成体积记录在坐岗记录本上。

## 二、起钻作业中井控险情发生时钻井液变化的确定

### （一）钻井液变化的确定的原理

起钻作业中，原来由钻具和钻井液充满的井筒，因钻具的起出而出现掏空，使钻井液液柱高度下降，为了保持钻井液高度必须向井内灌入与起钻具体积相等的钻井液量。因此，起钻作业中要连续罐浆，使井筒中因钻具起出而下降的钻井液液面得到及时补充。

起钻杆每3~5柱灌满一次，钻铤每1柱灌满一次。灌浆时坐岗员必须在出口管处观察是否灌满返出。若没有钻井液返出应提醒司钻继续灌浆，直到钻井液返出井口；然后测量钻井液罐液面下降高度，再换算成体积与起出钻具体积相比较，看钻井液灌入量是否等于起出钻具体积，并将灌入量记录在坐岗记录本上，发现异常立即报告司钻和值班干部，查明原因，并采取有效措施。

### （二）钻井液变化的计算

根据起钻作业中井控险情发生时钻井液变化的确定的原理可知：

$$V_{灌入} = V_{起出} \qquad (3-12)$$

式中　$V_{灌入}$——起钻时，向井内灌入钻井液的量，m³；

　　　$V_{起出}$——起钻时，起出钻具的体积，m³。

起钻作业时钻井液罐液面下降高度应该为：

$$\Delta h = \frac{V_{起出}}{nAB} \qquad (3-13)$$

式中　$V_{起出}$——起钻时，起出钻具的体积，m³；

　　　$\Delta h$——起钻作业时，钻井液罐至少应该下降的液面高度，m；

　　　$n$——钻井液罐数量（若钻井液罐大小不一，则应分别计算），个；

　　　$A$——钻井液罐长，m；

　　　$B$——钻井液罐宽，m。

# 三、下钻作业中井控险情发生时钻井液变化的确定

## (一) 钻井液变化的确定的原理

下钻作业中，因钻具的下入要从井筒内排出一部分钻井液，其排出量在正常情况下应等于下入钻具体积。随着井内钻井液的排出，钻井液罐面液面高度就不断上升。

下钻作业中，坐岗员要观察井口返出量和钻井液罐液面上升情况，测量上升高度是否与计算值相符。因此，要求每 10~15min 观察记录一次返出量，待钻具下放静止，出口停止返出时，测量钻井液罐液面上升高度，并换算成体积记录在坐岗记录本上，与下入钻具体积相比较，发现异常应立即报告司钻和值班干部，查明原因，采取有效措施。

## (二) 钻井液变化的计算

下钻作业中钻井液罐液面上升高度应该为：

$$\Delta h = \frac{V_{下入}}{nAB} \tag{3-14}$$

式中　$V_{下入}$——下钻时，下入井内钻具的体积，$m^3$；

　　　$\Delta h$——下钻作业时，钻井液罐至少应该上升的液面高度，m；

　　　$n$——钻井液罐数量（若钻井液罐大小不一，则应分别计算），个；

　　　$A$——钻井液罐长，m；

　　　$B$——钻井液罐宽，m。

# 第四章 井控险情检测仪器

本章主要内容包括钻井液参数检测仪器和仪表、自动灌注钻井液装置、有毒有害气体监测仪与防护器具的类型、结构、原理、故障排除及使用方法。

## 第一节 钻井液参数检测仪器和仪表

### 一、钻井液性能检测仪器

#### （一）钻井液密度计

**1. 用途**

YM 型钻井液密度计，是用来测定钻井液密度的仪器，其单位为 $g/cm^3$。

**2. 技术指标**

YM 型钻井液密度计技术指标见表 4-1。

表 4-1 YM 型钻井液密度计技术指标

| 型号 | 测量范围 | 测量精度 | 杯容量 |
|------|----------|----------|--------|
| YM-1 | $0.96\sim2.0g/cm^3$ | | |
| YM-2 | $0.96\sim2.5g/cm^3$ | | |
| YM-3 | $0.96\sim3.0g/cm^3$ | $0.01g/cm^3$ | $140cm^3$ |
| YM-5 | $0.7\sim2.4g/cm^3$ | | |
| YM-7 | $0.1\sim1.5g/cm^3$ | | |

**3. 结构与原理**

YM 型钻井液密度计主要由杯盖、钻井液杯、水准泡组件、杠杆、主刀刃、游码、平衡柱、底座、刻度等组成，如图 4-1 所示。

钻井液密度计是根据杠杆原理设计的，即：力×力臂＝重×重臂，因而可以用力臂长度表示重量比值。

**4. 仪器的校验方法**

（1）将仪器支架放在水平的桌面上。

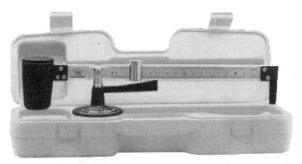

图 4-1 YM 型钻井液密度计

（2）钻井液杯内盛满清水（蒸馏水或沉淀 24h 的自来水），轻轻盖上标盖，并把从小孔溢出的水擦干净。

（3）把游码放在刻度"1"处，密度计放在支点上。如果密度计不平衡，拧开平衡柱螺钉，按需要取出或加入铅粒，直至水准泡处于中心位置，然后拧紧。

**5. 操作步骤**

（1）放好支座，使之水平。

（2）将待测钻井液充分搅拌后注满清洁/干燥钻井液杯。

（3）将杯盖慢慢地旋转盖紧，使多余的钻井液从盖子小孔外冒出来。

（4）用指头压住盖上的小孔，清洗或擦干杯外及臂梁上的钻井液。

（5）把主刀刃放在刀口支点上，移动游码直至平衡（水准泡居中）。

（6）从游码左边缘处读数，所得数据即为所测该钻井液的密度。

**6. 注意事项**

（1）测试完毕，应立即用清水将钻井液杯冲洗干净并且擦干，以防止锈蚀。

（2）每次用完后应特别注意将主刀刃移开刀口支点，以免影响仪器精确度。

（3）每台仪器的杯盖/水准泡不得随意调换或拆装，以免造成较大的误差。

## （二）漏斗黏度计

漏斗黏度计有 ZLN 型漏斗黏度计和 MLN 型马氏漏斗黏度计两种。

**1. 用途**

ZLN 型漏斗黏度计是用于测定钻井液的相对黏度（和水比较）的仪器。其测量原理为：测定在恒温 20℃ 条件下，从漏斗中流出 500mL 钻井液所用的时间，如图 4-2 所示。

MLN 型马氏漏斗黏度计是一种用于日常测量钻井液相对黏度（和水比较）的仪器。采用美国 API 标准制造，以 946mL 钻井液从漏斗中流出的时间来确定钻井液的黏度，如图 4-3 所示。

图 4-2 ZLN 型漏斗黏度计

图 4-3 MLN 型马氏漏斗黏度计

## 2. 技术指标

ZLM 型漏斗黏度计和 MLN 型马氏漏斗黏度计的主要技术参数，见表 4-2、表 4-3。

表 4-2 ZLN 型漏斗黏度计主要技术参数

| 项 目 | 型 号 | |
|---|---|---|
| | ZLN-1 型 | ZLN-1A 型 |
| 配置 | 铁制 | 不锈钢制 |
| 筛网孔径 | 1.25mm(16 目) | |
| 漏斗网底以下容量 | 700mL±15mL | |
| 漏斗锥体锥度 | 1/2.25 | |
| 准确度 | 在水温 20℃条件下流出 500mL 纯水时间为 15s±0.5s | |

表 4-3 MLN 型马氏漏斗黏度计主要技术参数

| 项 目 | 型 号 | | |
|---|---|---|---|
| | MLN-2 型 | MLN-3 型 | MLN-4 型 |
| 配置 | 配塑料盛液杯 | 配不锈钢盛液杯 | 配不锈钢盛液杯、秒表 |
| 筛网孔径 | 1.6mm(12 目) | | |
| 漏斗网底以下容量 | 1500mL | | |
| 精度 | 当向漏斗注入 1500mL 标准蒸馏水时，流出 946mL 标准蒸馏水的时间为 26s±0.5s | | |

## 3. 结构

漏斗黏度计由漏斗、筛网、标准量筒、秒表 4 部分组成。

**4. 检验方法**

用手指堵住漏斗管口，注入700mL（ZLN型漏斗黏度计）或1500mL（MLN型马氏漏斗黏度计）水，启动秒表同时松开手指，流出500mL（ZLN型漏斗黏度计）或946mL（MLN型马氏漏斗黏度计）时，立即关住秒表同时迅速堵住管口，看时间如为（15±0.5）s（ZLN型漏斗黏度计）或（20±0.5）s（MLN型马氏漏斗黏度计）时，该黏度计的精度符合使用要求。否则，考虑更换仪器或用下式计算出钻井液的准确黏度。

$$X = \frac{A \times B}{15} \tag{4-1}$$

式中　$X$——所求钻井液的漏斗黏度，s；

　　　$A$——实测钻井液的漏斗黏度，s；

　　　$B$——实测20℃时清水的漏斗黏度，s。

**5. 操作方法**

测量钻井液黏度时，首先放好漏斗，然后盖好筛网（过滤出大的固体颗粒，以免堵住管口），将欲测钻井液按检验的方法步骤进行测定，所得时间多少秒即是被测钻井液的视黏度。

**6. 注意事项**

（1）钻井液需充分搅拌均匀，保证数据准确。

（2）测试完毕将零件部件洗净擦干，应特别注意不能弄弯或压扁漏斗下的特制管嘴。

（3）管嘴堵塞时不能用铁丝等硬物去通，以免使管嘴胀大，若有堵塞可用嘴吹通或用细木条穿通。

## (三) 浮筒切力计

**1. 用途**

钻井液切力计是用来测量钻井液在静止时，黏土颗粒之间相互吸引黏结而成的网架结构的强度大小（静切力）即破坏钻井液中单位面积上网架结构所需要的力（切力）。测量所得的初切力/终切力对钻进和护孔都有着很大的意义。

**2. 技术指标**

QL型钻井液切力计技术指标见表4-4。

**表4-4　QL型钻井液切力计技术指标**

| 浮筒 | | 标尺刻度 | 钻井液杯容量 |
|------|------|----------|--------------|
| 内径 | 质量 | | |
| 35.56mm | 5g | 0~20Pa | 500mL |

### 3. 结构

QL 型钻井液切力计由钻井液杯、标尺杆、标尺、浮筒等组成，如图 4-4 所示。

图 4-4　QL 型钻井液切力计结构

### 4. 操作方法

（1）取 500mL 钻井液搅拌均匀，立即倒入钻井液杯中，液面在标尺 0 刻线位置。

（2）随即将浮筒沿刻度标尺套入，并轻轻垂直接触钻井液面，然后让其自由下降，待静止时便可以从浮筒上端面与标尺相对应的刻度读出钻井液初切力 $Q_0$。

（3）取出浮筒，用搅拌棒搅动切力计杯中的钻井液约 10s，然后启动秒表，待钻井液静止 10min 后，换另一浮筒按照初切力的测定方法测量钻井液的终切力 $Q_{10}$，切力单位：Pa。

### 5. 注意事项

（1）一定要保持标尺垂直液面。

（2）浮筒一定要保持干燥、完整、不变形。

（3）浮筒与钻井液面要轻轻接触，让其自由沉落，数据方能准确。

## （四）六速旋转黏度计

### 1. 用途

六速旋转黏度计可进行各流变参数的测量，根据多点测量数值绘制流变曲线，确定液体在流变过程中的流型，选用合适的计算公式，对非牛顿流体进行较精确的测量，用于现场钻井液流变参数的研究分析，有利于安全、快速、科学的钻井。

### 2. 技术指标

以 ZNN-D6 型六速旋转黏度计为例，其技术指标见表 4-5。

表 4-5　ZNN-D6 型六速旋转黏度计技术指标

| 序号 | 项目 | 技术指标 |
|---|---|---|
| 1 | 电源 | AC220V±5%,50Hz |
| 2 | 电动机功率 | 7.5W/15W |
| 3 | 电动机转速 | 750r/min/1500r/min |
| 4 | 变速范围 | 3r/min、6r/min、100r/min、200r/min、300r/min、600r/min |
| 5 | 流速梯度 | $5s^{-1}$、$10s^{-1}$、$170s^{-1}$、$340s^{-1}$、$511s^{-1}$、$1022s^{-1}$ |
| 6 | 测量精度 | 1～25mPa·s±1mPa·s(牛顿流体)<br>25mPa·s 以上±4%(牛顿流体) |
| 7 | 黏度测量范围 | 牛顿流体:<br>0～300mPa·s(F1 测量组件);0～60mPa·s(F0.2 测量组件)<br>非牛顿流体:<br>0～150mPa·s(F1 测量组件);0～30mPa·s(F0.2 测量组件)<br>剪切应力:<br>0～153.3Pa(F1 测量组件);0～30.7Pa(F0.2 测量组件) |

**3. 测量原理**

对牛顿液体流体流动服从牛顿内摩擦定律。塑性流体流动服从于宾汉公式。假塑性流体和膨胀流体，流动服从于幂函数式。

液体放置在两个同心圆筒的环型空间内，通过变速传动，外筒以恒速旋转，外筒通过被测液体作用于内筒上的转矩，使同扭簧连接的内筒旋转了一个相应的角度，依据牛顿定律，该转角的大小与液体的黏度成正比。于是液体黏度的测量转为内筒转角的测量。

**4. 结构**

六速旋转黏度计如图 4-5 所示。

（1）动力部分：双速同步电动机 750r/min/1500r/min，型号 90TZ5H3，电动机功率 7.5W/15W，电源 220V±10%，50Hz。

（2）变速部分：可变六速，分别为 3r/min、6r/min、100r/min、200r/min、300r/min、600r/min。流速梯度分别为 $5s^{-1}$、$10s^{-1}$、$170s^{-1}$、$340s^{-1}$、$511s^{-1}$、$1022s^{-1}$。电动机通过传动齿轮 1、2、3 经弹性连接传至齿轮 6、9 带动齿轮 11、12 形成 100r/min、200r/min（此时离合器上提位置）。当经弹性连接传至齿轮 7、8 带动齿轮 11、12 形成 300r/min、600r/min（此时离合器下压）。

（3）测量部分：由扭力弹簧组件、刻度盘组件、内筒、外筒组成。内筒与轴锥度配合，外筒由卡簧连接。

图 4-5　ZNN 型六速旋转黏度计

（4）支架部分：采用托架升降被测容器，操作灵活方便。

（5）不须停机即可换挡，节省时间，操作方便。

（6）刻度盘上附有照明灯，易于观测。

**5. 正确操作方法**

（1）接通电源（220V，50Hz）。

（2）打开开关，批示灯亮电源接通。

（3）将旋扭向左旋至"高速"时，电动机为 1500r/min，变换变速手把可得 6r/min、200r/min、600r/min。

（4）将旋扭向右旋至"低速"时，电动机为 750r/min，变换变速手把可得 3r/min、100r/min、300r/min。

（5）调整变速手把以 300r/min 或 600r/min 运转，外筒不得偏摆，否则三卡口调换重装。

（6）检查刻度盘零位，如刻度盘指针不对零，取下护罩，松开螺钉调整手轮对正零位，然后将螺钉上紧。

（7）把刚搅拌过的钻井液倒入样品杯刻线处（350mL）并立即置于托盘上，上升托盘使液面至刻线处拧紧托盘手柄。如用其他样品杯，内筒底部与杯底之距离不小于 1.3cm。

（8）从高速到低速进行测量。待刻度盘的读数稳定后，分别记录各转速下的读数。对具有触变性的流体，应在固定的流速梯度下，取最小读数为准。

（9）测量钻井液静切力时，应将托盘中的液体先以 600r/min 速度搅拌 1min，然后静止 1min 后将变速手柄置于 3r/min 位置，读取最大值。重新在 600r/min 下搅拌 1min，静止 10min 后用同样方法测试并读取最大值。

（10）试验完毕，关闭电源，松开托盘，移开量杯。轻轻卸下内外筒，相互不得擦伤，避免使悬柱弯曲。清洗内外筒，并擦干上好外筒，内筒单独保存，以免运输震动使悬柱弯曲。

**6. 故障排除**

ZNN-D6 型六速旋转黏度计的一些简单故障排除见表 4-6。

表 4-6　ZNN-D6 型六速旋转黏度计简单故障排除

| 故　　障 | 产生原因 | 排除故障方法 |
|---|---|---|
| 外筒摆动幅度超过 0.15° | 装拆用力过猛变形 | 换外筒 |
| 内筒悬柱弯曲 | 碰撞悬柱 | 换内筒悬柱 |
| $\theta_{300}$、$\theta_{600}$ 转速不对 | 弹性交连套滑动 | 换套 |
| 测量误差大 | 扭力弹簧失调 | 调整、校验扭簧 |
| 外筒转动，内筒掉下 | 没装紧 | 重新装内筒 |
| 接通电源开关，电动机不转，指示灯不亮 | 熔断丝烧断，移相电容击穿 | 换熔断丝，换电容器 |
| 刻度盘不转动 | 轴承锈蚀 | 换轴承 |

**7. 测量结果的处理方法**

在测量时，只需读出 600r/min 和 300r/min 的扭转格数，就可以计算出各流变参数的数值。通常用 $\phi_{600}$、$\phi_{300}$ 分别表示 600r/min 和 300r/min 的刻度盘读数。计算公式如下：

牛顿液体：

$$\eta_{绝} = \phi_{300}(mPa \cdot s) \tag{4-2}$$

塑性液体：

$$\eta_{塑} = \phi_{600} - \phi_{300}(mPa \cdot s) \tag{4-3}$$

$$\eta_{表} = \frac{1}{2}\phi_{600}(mPa \cdot s) \tag{4-4}$$

初切力：

$$G_1 = 0.511\phi_3(Pa) \tag{4-5}$$

终切力：

$$G_{10} = 0.511\phi_3(Pa) \tag{4-6}$$

$$\tau_0 = 0.511(\phi_{300} - \eta_{塑})(\text{Pa}) \tag{4-7}$$

假塑性液体：

$$n = 3.322\lg\frac{\phi_{500}}{\phi_{300}} \tag{4-8}$$

$$K = \frac{511\phi_{300}}{511^n}(\text{mPa} \cdot \text{s}^n) \tag{4-9}$$

式中　$\eta_{绝}$——绝对黏度，mPa·s；

　　　$\eta_{塑}$——塑性黏度，mPa·s；

　　　$\eta_{表}$——表观黏度，mPa·s；

　　　$G_1$——初切力，Pa；

　　　$G_{10}$——终切力，Pa；

　　　$\tau_0$——屈服值，Pa；

　　　$n$——流性指数；

　　　$K$——稠度系数，mPa·s$^n$。

# 二、钻井液罐液位监测报警仪

## （一）常规钻井液罐液位监测报警仪

### 1. 用途

钻井液罐液位监测报警仪主要用来对钻井液罐液位进行监测，发现溢流、井漏异常显示并报警。

### 2. 组成

图4-6所示为钻井液罐液位监测报警仪结构示意图。

### 3. 功能及原理

钻井液罐液位监测报警仪通常要具有以下功能。

（1）数据采集和处理功能：能实时测量钻井液罐的液位、储液量、总储液量和变化量，并将数据进行分析处理。

（2）显示与报警功能：微机台和钻台安装的显示报警器能同步显示钻井液罐的储液量、总储液量和变化量。当钻井液液位超过设定值时，微机台和显示报警器将同时进行溢流、井漏异常显示与报警，提请操作者注意，及时校对罐内液量，并采取相应的措施。

（3）报表打印功能：能定时输出打印钻井液罐液位数据报表，实时输出打印溢流、井漏异常显示与报警数据资料报表。

（4）数据存储功能：能将采集的数据传送到计算机数据库存储，以便进行相应的数据分析处理。

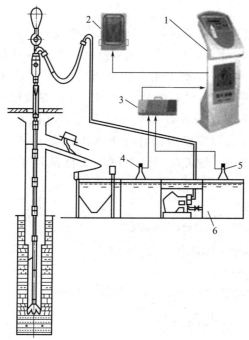

图 4-6　钻井液灌液位监测报警仪结构示意图

1—微机台；2—显示报警器；3—接线盒；4,5—液位传感器；6—钻井液罐

**4. 存在问题**

在钻井现场，钻井液罐内液面波动对监测数据带来较大影响，导致其准确性不如人工监测。为消除误差，可在钻井液罐内监测区域设置缓冲隔离带，或其他可维持液面相对稳定的措施。

**（二）钻井液液位超声波监测装置**

**1. 结构组成**

图 4-7 所示为钻井液液位超声波监测装置示意图。

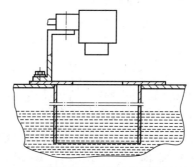

图 4-7　钻井液液位超声波监测装置示意图

**2. 基本原理**

该装置在钻井液循环罐检测孔下的罐体内增设一管体，该管体的下部与罐体内的钻井液连通，隔离出一部分相对静止并与循环罐液面保持一致的钻井液，超声波传感器探头（即发射和吸收部分）正对该隔离管上口部，以通过监测该隔离管内钻井液液位变化而达到监测钻井液循环罐内液面变化的目的。在超声波传感器探头处设计有可隔除钻井液波动和泡沫干扰的隔离板，以使该隔离管内液面在罐内循环处于涡流状态下保持相对平静和稳定，正确反映循环液实际液面位置，避免超声波被乱反射及泡沫造成的信号失真。

**3. 主要技术参数**

超声波传感器的型号：Q45UIU64BCR；

支架：高度 100mm，顶部托板宽 40mm；

监测孔：100mm×100mm 方形孔；

隔离管：长 1500m，直径 $\phi$150mm，壁厚 1.5mm。

## （三）新型钻井液液面监测仪

**1. 结构组成**

图 4-8 所示为新型钻井液液面监测仪结构示意图。

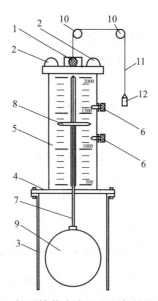

图 4-8　新型钻井液液面监测仪结构示意图

1—报警电笛；2—报警灯；3—隔离筒；4—法兰；5—刻度盘；6—高、低报警调节微动开关；

7—挺杆；8—指针；9—浮球；10—滑轮；11—绳索；12—拉锤

**2. 特点**

在油田钻井施工中，由于井下情况复杂多变，时有井下钻井液溢漏情况的发生，如不能及时发现就有可能发生井喷或井塌等事故，常规的钻井液液面监测仪使用时效果并不理想，特别是深探井使用钻井参数仪表的钻井队，钻井液大班和钻井液工经常到钻井液的罐上打开超声波液面仪来观察当前液面的高度，很不方便。新型钻井液液面监测仪可以克服这个不足，不仅观察方便，而且可提供声光报警。

**3. 工作过程**

如图 4-8 所示，新型钻井液液面监测仪包括报警电笛、报警灯及储液罐，储液罐内的隔离筒上连接有法兰，法兰上固定有双面带刻度的刻度盘，刻度盘上端及一侧分别固定有高位、低位报警灯、报警电笛及高、低报警调节微动开关，高、低报警调节微动开关可上下调节，在刻度盘轴向居中的挺杆上下端连接有指针及浮球，刻度盘上的指针可为双面，挺杆上端连接有绕过带电位器滑轮的绳索，绳索的下端连接有拉锤。该液面监测仪采用了浮球式原理，为了减少搅拌器使钻井液液面波动的影响和保持浮球上下的垂直运动，在距离罐底 0.5m 至罐顶部加装了开放隔离筒；在浮球的上部安装一挺杆来带动指针指示钻井液液面高度，为了方便观察采用下反双面刻度显示的刻度盘，为了保持内部的清洁和防止进水，外部可加装防护罩；在刻度盘的一侧安装两个上下随意调节的高、低报警调节微动开关。

当发生井涌或井漏时，钻井液液面发生变化，当超过设定值时，挺杆或指针触动高、低报警调节微动开关，接通高、低报警灯及报警电笛报警；为使用钻井参数仪表的钻井队，加装多圈电位器，在挺杆上部吊挂一细绳，通过小滑轮带动多圈电位器，当阻值变化线性反映液面变化在加装电流变送单元，使其输出4~20mA 的标准信号到钻井参数登记表的显示表和计算机。这样就很方便观察到液面的变化，而且提供了声光报警，有效减少了生产成本。

# 三、钻井液返出流量检测仪

## （一）靶式流量计

**1. 工作原理**

靶式流量计于 20 世纪 60 年代开始应用于工业流量测量，主要用于解决高黏度、低雷诺数流体的流量测量，先后经历了气动表和电动表两大发展阶段。SBL系列智能靶式流量计是在原有应变片式（电容式）靶式流量计测量原理的基础上，采用了最新型电容力感应式传感器作为测量和敏感传递元件，同时利用了现代数字智能处理技术而研制的一种新式流量计量仪表。

SBL 系列智能靶式流量计主要由测量管（外壳）、新型电容力传感器、阻流件、积算显示和输出部分组成（图4-9）。

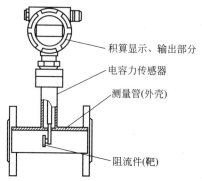

图 4-9　SBL 系列智能靶式流量计示意图

当介质在测量管中流动时，因其自身的动能与靶板产生压差，从而产生对靶板的作用力，使靶板产生微量的位移，其作用力的大小与介质流速的平方成正比，数学公式如下：

$$F = C_d A \rho V^2 / 2 \qquad (4\text{-}10)$$

式中　$F$——阻流件所受的作用力，kg；

　　　$C_d$——物体阻力系数；

　　　$A$——阻流件对测量管轴投影面积，$mm^2$；

　　　$\rho$——工况下介质密度，$kg/m^3$；

　　　$V$——介质在测量管中的平均流速，m/s。

阻流件（靶）受到的作用力 $F$，经刚性连接的传递件（测杆）传至传感器，传感器产生电压信号输出：

$$V = KF \qquad (4\text{-}11)$$

式中　$V$——传感器输出的电压，mV；

　　　$K$——比例常数；

　　　$F$——阻流件（靶）所受的作用力，kg。

此电压信号经前置放大、AD 转换及计算机处理后，即可得到相应的瞬时流量和累计总量。

**2. 安装调试要求**

首先保证测量管介质处于满管状态。

（1）常温型、低温型、高温型流量计视不同工况采用水平、垂直或倒置式安装。由于流量计表头工作温度为-30~70℃，所以介质工作温度高于300℃以上或低于-70℃时，应对流量计壳体采取隔热措施和防冻措施。

（2）由于靶式流量计属于速度式流量计，为确保流体通过流量计时具有稳定的流场，必须保证流量计前后接直线管段为 $10D \sim 50D$，否则有可能造成测量误差或波动，如图 4-10 所示。

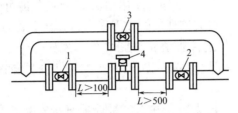

图 4-10　靶式流量计前后接直线管段
1,2—切断阀；3—旁通阀；4—靶式流量计

（3）为保证流量计在检查及更换时不影响系统工作，应尽量设置旁通阀及切断阀。如图 4-10 所示。

（4）对于新完工的工艺管道，应先进行初步吹扫后再安装流量计。流量计壳体必须可靠接地，测量管外壁上箭头所指方向为被测介质流向。

（5）尽管流量计自身有相当的防护等级，当对于安装在室外的流量计，还是要求对仪表加以相应的遮雨及防碰撞措施，其次进行流量计零点设置。

由于传感器及阴流件有自重，在流量计安装时不在水平方向产状况下，需要重新设置流量计的零点。也可在管道内无介质流动时直接置零，高温型及低温型流量计必须使管道内温度达到工作温度后置零。

**3. 常见故障及处理方法**

（1）当管道内被测介质流速为零时，流量计示值瞬时流量值不为零，造成该现象的主要原因有：

① 安装前后流量计水平度不一致，以至于靶片和靶杆因倾斜而产生轴向水平分力导致瞬时流量存在；流量计长期运行，其传感器内部应力释放产生微变；安装或运行过程中，严重过载造成零点飘移；以上 3 种方式均可参照有关流量计清零的步骤和方法处理。

② 流量计壳体接地不良：用户重新接地。

③ 靶片、靶杆与测具之间被杂物卡住：关闭流量计前阀门、后阀门，用工具松开流量计过渡部件与测量管之间的连接螺栓，并轻轻地晃动过渡部件或取出，清理杂物后照原样复位即可。

（2）流量计工作过程中示值出现非正常增大，造成该现象的主要原因有：

① 靶片以及靶杆上挂有丝状及带状杂物：测量时若管内流体中一些较大杂物缠绕在靶杆上，在有流量的状态下容易指示满量程。为防止流体中较大的杂物缠住靶板（杆），在泵出口加设过滤网。

② 高结垢条件下，靶片和靶杆产生严重结垢，使受力元件靶板沿测量管轴线上投影面积增加，即靶片与测量管之间环形过流面积减少，进而在相同流量下，传感器受力增大，最终导致流量示值非正常增加。具体可通过取下过渡部件，用工具将靶片和靶杆以及测量管内壁上的垢物清除即可。

（3）计量误差大，造成该现象的原因很多，其最主要的原因为以下几种：

① 安装时流量计与连接管道相对同心度出现较大错位，密封垫片未同心，从而形成节流阻件，局部产生涡流，极大影响被测介质流态。需重新调整安装状态。

② 流量计前后直管段太短，并于流量计前直接安装了弯头，阀门等极大干扰被测介质流态部件。应参照使用说明书要求进行安装或对流量计进行实地实流标定。

③ 旁通管道泄漏，应及时检查及更换旁通管路。

（4）流量计无示值或无发信号，其原因主要如下：

① 电源接触不良或脱落。对于自带电池的流量计，检查电池是否装稳，触点是否良好，以及电池是否有电；对于外接电源，应检查连接导线之间连接是否完好，导线是否导通，外供电源是否正常。

② 流量计电路损坏、显示屏损坏、用户信息接收系统故障。一般情况下，这种故障应及时返厂修理或更换。

（5）流量计运行过程中示值一直为零，此种现象主要原因如下：

① 受力元件（靶片）脱落，导致传感器无力感应。应装配相同规格的靶片。

② 流量计传感器无电压输出信号。应判断传感器是否损坏，看传感器数据有无变化，若数据始终不变，应及时更换传感器。

③ 被测介质流量太小，低于流量计的最小刻度流量。应返厂重新更换受力元件。

### 4. 现场应用时存在许多缺点

（1）安装条件要求严格，即该传感器必须装在钻井液出口高架槽上，且高架槽的直径和坡度需满足靶体在静止时能够垂直或接近垂直状态。

（2）靶体长时间使用活动不灵活、测量范围缩小，即在长时间的录井过程中，钻井液会逐渐干结成泥饼，堆积在靶体活动轴附近，使其活动范围受到限制或者不灵活，导致其输出信号范围变小或者不能真实反映钻井液流量的变化。

（3）现场环境对该传感器的影响较大，长时间使用可变电阻容易损坏，易出现接触不良现象，且可变电阻长期在潮湿环境下使用易产生阻值误差。

（4）实际应用中发现，由于其靶体的重量选择不合适，当受到钻井液冲击后，其上升和回落之间的落差较大，致使输出信号变化范围大，测量结果不够准确。

## （二）超声波流量计

### 1. 时差式超声波流量计工作原理

时差式超声波流量计利用声波在流体中顺流传播和逆流传播的时间差与流体流速成正比的原理来测量流体流量。时差式超声波流量计的两个探头装在待测流体管道的上游和下游，对于小口径管道，装在管道一侧；对于大口径管道（直径大于250mm）则装在两侧，为Z方式。两个探头（即换能器）都可以发射和接收超声波信号。由于液体流速的作用，从上游侧探头发向下游的声速将增加，反之减小。两者传播的时间差与流体流速成正比，通过对时间差的检测即可计算出液体流速，进而求得流量。测量原理如图4-11所示，换能器1向换能器2发射超声波信号，为顺流方向，其传播时间为：

$$t_1 = \frac{L}{c+v\cos\theta}$$

反之，逆流方向的传播时间为：

$$t_2 = \frac{L}{c-v\cos\theta}$$

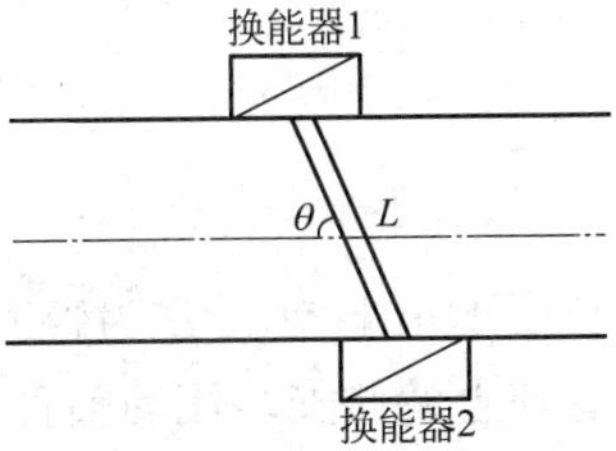

图4-11　时差式超声波流量计原理图

时间差为：

$$\Delta t = t_1 - t_2 = \frac{2Lv\cos\theta}{c^2 - v^2\cos^2\theta}$$

由于$c \gg v$，故：

$$\Delta t = \frac{2L\cos\theta}{c^2}v \quad (v^2\cos^2\theta \text{ 忽略不计})$$

所以，流体流速为：

$$v = \frac{c^2}{2L\cos\theta}\Delta t$$

式中，$c$、$L$、$\theta$均为常数，测得时间差$\Delta t$，即可求出流体流速$v$，进而求得流体流量$Q$：

$$Q = Sv = \frac{\pi D^2 v}{4} \tag{4-12}$$

式中　$Q$——管道中流体的流量，$m^3/min$；

　　　$S$——管道的垂直横截面积，$m^2$；

　　　$v$——管道中流体流速 $m/min$；

　　　$D$——管道内直径，$m$。

**2. 主要技术参数及特点**

1）主要技术指标

（1）测试介质：水、污水及其他均质流体，悬浮物含量小于 10g/L，粒径小于 1mm，流体应充满被测试管路。

（2）安装方式：插入式。

（3）传输信号：RS-485，当传输速率为 4800bps 时，最大传输距离 1200m。

（4）传感器安装位置要求浸水深度不超过 3m。

2）仪表特点

（1）采用数字化处理技术和纠错技术，使仪表具有稳定的测量信号。

（2）采用多脉冲低电压发射方式，功耗低、可靠性高。

（3）智能化标准信号输出，人机界面友好、多种二次信号输出。

（4）防爆式仪表选用磁力感应式键盘操作，不用打开机箱，即可实现对仪表的操作。

**3. 安装位置的选择**

1）直管段安装要求

在传感器的上游侧直管长度不小于 5$D$（$D$ 为管道内径），下游侧不小于 2$D$。若现场达不到这一要求，则要在上游侧安装流动整直器，消除流动中的旋涡，改善流速场的分布，提高仪表的测量准确度及稳定性。若流速较低时，流动中的旋涡及流速场的分布，同样可以得到改善，则前置直管段可小于 5$D$。若在传感器上游侧有两个方向的弯头或其他阻流件，则前置直管段应大于 5$D$。

2）安装位置

（1）首选液体向上（或斜向上）流动的竖直管道，其次是水平管道，尽量避开液体向下（或斜向下）流动的管道，防止液体不满管。

（2）安装位置不要选在管道走向的最高点，防止管道内因有气泡聚集而造成测量不正常。

（3）传感器在水平管道上安装时应选在自水平线±450mm 范围以内，使超声波声路避开管道顶部气泡。

（4）安装空间要满足离墙壁 1300mm，离地面 650mm。

**4. 使用及维护**

由于现场湿度较大，传感器电缆在安装使用过程中不能有破损现象，否则长时间会引起水气浸入造成传感器没法正常工作，转换器应按照现场防爆设备日常维护标准进行，定期在防爆面上涂抹防锈油，更换干燥剂。为了保证流量计的准确度，需进行定期校验，可采用更高精度的便携式流量计进行直接对比，修正系数，可有效提高测量的准确度。同时将常见问题及解决方法总结如下：

（1）流量偏差大的原因及解决方法。

原因：参数输入不正确；管道内部结垢内径变小。

解决方法：正确输入参数；视垢厚加大壁厚的输入值，调整传感器插入深度；调整仪表系数。

（2）无流量、串棒图显示，状态"S"不消失的原因及解决方法。

原因：传感器声楔面未对正、传感器安装位置过深、管道结垢严重及水质过于混浊等原因影响超声波信号的传输。

解决方法：调整传感器安装方向，使标测点相对，调整传感器的深度，符合传感器安装要求，清理传感器声楔面和按期清理水仓。

（3）流量显示波动大的原因及解决方法

原因：液体含气量大、管道结垢严重及声楔面结垢等原因影响超声波传输。

解决方法：调整传感器插入深度、清理管道深度或更换被测管路、清理声楔面，重新安装并接入转换器。

总之，使用超声波液位传感器替代靶式流量传感器测量钻井液出口流量是可行的。超声波液位传感器能准确反映出口流量变化情况，这无疑对提高钻井工程监控水平，及时预报提示，防止井涌、井喷、井漏事故发生起到更好的作用。另外，当安装在缓冲槽上时，根据该测量数据变化，可以判断钻井液脱气器置于钻井液液位变化情况，对其高度进行及时调整发挥指导作用。

# 第二节　自动灌注钻井液装置

目前，在油气田勘探、地质钻井过程中，为了平衡地层压力、预防井喷等，在起钻过程中，当提起钻具时，井筒液位将下降，其下降高度与起钻立柱的数量（长度）成正比，而应补充的钻井液的体积也与起钻立柱的体积相当，并通过钻井液灌注装置注入井筒内。

## 一、起钻自动灌注钻井液装置的类型

起钻自动灌注钻井液装置包括重力灌注式、强制灌注式和自动灌注式3种。

### （一）重力灌注式

这是一种简单的重力式灌注装置，计量罐安装在井口附近较高位置，起钻时当井内液面下降后，司钻打开注入阀，计量罐中的钻井液借助其出口高于井口，在重力作用下注入井内，保持井内液面高度。当井眼灌满钻井液时关闭注入阀，记录使用的钻井液量。

## （二）强制灌注式

强制式灌注装置由单独的补给计量罐、补给泵（司钻和钻井液工两地控制）、超声波液位计（司钻和钻井液工两地监视，显示钻井液体积）、立于钻台上的司钻直读式标尺等组成。

## （三）自动灌注式（反循环式）

自动式灌注装置由传感器、电控柜、显示箱和灌注系统组成。其工作原理是：安装在高架液槽上的传感器把井筒液流信号转化为电信号输至电控柜中，由电子控制系统指挥灌注系统，按预定时间向井内灌注钻井液并能自动计量和自动停灌，预报溢流和井漏。自动灌注钻井液装置的组成与井场安装情况如图 4-12 所示。

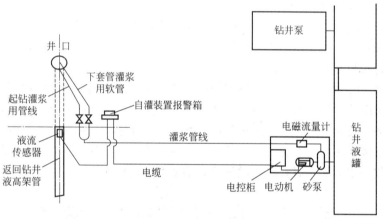

图 4-12　自动灌注钻井液装置组成与布置示意图

液流传感器将井筒灌满情况、溢流情况及井漏情况用电讯号传输到钻台上的自动灌注装置报警箱，自灌装置报警箱面板上装有显示电源、灌注、溢流、井漏 4 个不同颜色的指示灯及音响报警器，向操作人员显示灌注情况与报警。电控柜与砂泵安装在钻井液罐附近。电控柜用来调定灌注间隔定时、溢流定时、井漏定时、音响时限等工作参数。

灌注间隔定时在 4~48min 范围内选择，电泵按设定时间间隔自动往井筒内灌钻井液。待钻井液自井口返出后，液流传感器的挡板被液流冲击抬起，砂泵随即断电，停止灌注。

溢流定时在 10s~2min 范围内选择，通常调定在 30s，井口灌满钻井液后，钻井液自井口返出，砂泵停止后若井口仍有钻井液返出，液流传感器的挡板将继续被液流冲击抬起，持续时间达到 30s 时报警箱上溢流灯亮（红灯），同时电笛报警。

井漏定时在 1~12min 范围内选择。当砂泵按灌注间隔定时启动灌注而井口始终无钻井液返出，砂泵连续运转达到所调定的时间时会自动停灌，报警箱上井漏灯亮（黄灯），同时电笛报警。

音响定时在 10s 至 2min 范围内选择，通常调定在 20s。

# 二、现场自动灌注钻井液装置介绍

## （一）重力灌注式起钻灌钻井液装置

### 1. 工作原理

重力灌注式钻井液补充罐是一个细而高的罐，容积通常为 1.6~6.4m³，刻度一般为 80L/格（0.5barrel）左右，以便能够在钻台上看清楚。当补充罐内钻井液灌入井内后，在从循环罐内向其补充钻井液。这样就可以实现对灌浆量的双重监测。为了使补充罐工作正常，其出口管必须高于井口的进口。为了便于靠重力把钻井液从罐内放出，通常把罐装在高架上。因为罐内的钻井液面高于排出管线，所以要用阀门来控制钻井液进入排出管线。这种重力补充罐不能连续地向井内灌钻井液。当然也可以采用如图 4-13 所示的安装形式，以实现连续灌注，但这样就另外还需要一个罐来准确计量灌入量。另一种补充罐是使用一个离心泵把钻井液从罐内打到井里，井里溢出的钻井液返回到罐里。这种罐可以连续进行灌注，而且罐可以放置在地面上，方便安装。

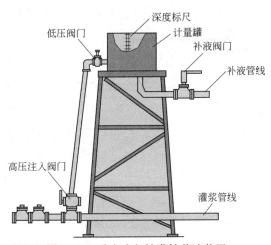

图 4-13　重力式起钻灌钻井液装置

### 2. 基本特点

通过泵冲数来计量泵入井内的钻井液量时，要准确的知道泵的每冲排量和泵效率，这就需要定期校验泵效率。

使用流量计也可以监控灌注量。但大多数流量计的精确度容易受钻井液性能的影响，如果没有校正和适当的保养就可能得不到准确的数值。

钻井液罐液面指示器也可以显示灌入量。但如果钻井泵同时从几个罐内抽取钻井液，这是液面的变化不容易检测出。所以在提钻灌钻井液时，最好单独隔离一个罐，以提高计量的准确度。

## （二）改进型的新型钻井用钻井液自动灌注装置

### 1. 结构组成

改进型的新型钻井用钻井液自动灌注装置结构如图 4-14 所示。

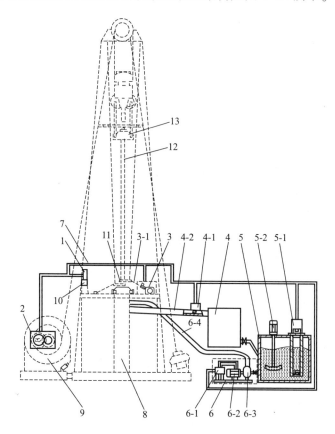

图 4-14　钻井用钻井液自动灌注装置的结构

1—主控制机；2—角位移测量器；3—液压旋向测量器（3-1 为尾绳）；4—钻井液溢流返回罐（4-1 为溢流返回测量仪；4-2 为溢流管）；5—钻井液罐（5-1 为超声波液位监测器；5-2 为搅拌器）；6—钻井液灌注机构（6-1 为数字电控箱；6-2 为电动机；6-3 为钻井泵；6-4 钻井液输送管）；7—数据总线；8—防溢管；9—绞车滚筒；10—操作台；11—吊钳；12—钻杆（立柱）；13—吊卡

（1）主控制机。

（2）绞车滚筒。

（3）角位移测量器：包括光电编码器和齿轮传动机构。

（4）液压旋向测量器：包括压力传感器、光电编码器和尾绳拉力器。

（5）超声波液位监测器：包括带搅拌器的钻井液罐及其设有隔离管。

（6）钻井液灌注结构：包含钻井泵、电动机及数字电控箱。

（7）钻井液溢流返回罐及液流量测量仪：包括翻板式自动复位摆动器、光电编码器。

**2. 基本特点**

（1）在常规装置的基础上，在绞车滚筒轴的端部增设一角位移测量计数器，以通过监测游车向上的位移来准确测量每次起钻立柱的长度，并将该长度参数输入主机以确定钻井液的灌注量。

（2）在钻井液罐内安装带有与钻井液下部连通的隔离管的超声波液位监测器，以代替原来的钻井泵流量传感器和钻井液罐液位监测器，从而确保对钻井液罐液位监测的准确性和可靠性。

（3）在溢流管上增设溢流量测量仪，监测所灌注钻井液的返回量并通过溢流返回与否的时间和状态机溢流量，以进一步确保钻井液罐注过程的可靠性和安全性。

**3. 技术参数**

主控制机：电脑型号 DPC-5020。

角位移测量器：量程 0~999 圈。

吊钳液压旋向测量器：型号 DN-01-00。

超声波液位监测器：传感器型号 Q45ULTU64BCR，量程 0~3m、精度 0.25级、隔离筒直径 $\phi$150mm。

溢流返回测量仪：型号 NCC-02。

钻井液灌注机构：数字电控箱型号 DQC53-40；电动机功率 11kW；钻井泵流量 80m³/h，扬程 23m；钻井液输送管内径 $\phi$75mm。

**4. 工作原理**

如图 4-14、图 4-15 所示，主控制机 1 通过角位移测量器 2，吊钳液压旋向测量器 3 采集到相应数据，则指令启动控制器（数字电控箱）6-1 启动电动机6-2 及钻井泵 6-3 工作，向井筒内灌注钻井液；同时通过超声波液位监测器5-1 及溢流返回测量仪 4-1 监测灌浆过程，当液位监测器 5-1 采集到钻井液罐 5 中液位下降到位，而溢流返回测量仪 4-1 的信号（数据）也表示有钻井液返回，则主控制机 1、指令钻井液灌注机构 6 停机；而当液位监测器 5-1 反馈的信号表示灌浆量到位，而溢流返回测量仪 4-1 无钻井液返回信号，或液位监测器 5-1

监测到的液位未达到灌浆量要求量时，而溢流返回测量仪 4-1 反馈的数据又显示有大量的钻井液返回，则报警或停机并报警。从而实现钻井液自动灌注、实现平衡地层压力、预防井喷，有效避免井漏、误灌等目的。

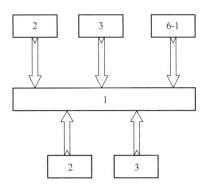

图 4-15　钻井液自动灌注电器控制方框图

# 第三节　有毒有害气体监测仪与防护器具

有毒有害气体监测仪与防护器具主要有便携式和固定式硫化氢监测仪及正压式空气呼吸器。

## 一、有毒有害气体监测仪

### （一）便携式硫化氢监测仪

**1. Pac Ⅲ型便携式气体监测仪**

1）结构组成

图 4-16 所示为 Pac Ⅲ型便携式气体监测仪的结构。

2）技术性能

检测原理：电化学。

检测气体：有毒气体（$H_2S$、$SO_2$、CO 等）和氧气（需更换不同的传感器）。

检测范围：$H_2S$，0~750mg/m³。

指示方式：液晶显示。

报警方式：声光报警，预警是有规律间断的单音信号声，主警是有规律间断的双音信号声。

运行温度：-20~55℃。

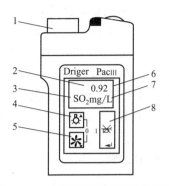

图 4-16　PacⅢ型便携式气体监测仪

1—传感器（探测软管加外罩泵、过滤器）接口；2—显示屏；3—被测气体；

4—照明灯（向上换行、增加数字）键；5—向下换行（减少数字）键；

6—测量值；7—测量单位；8—开机（确认、显示下一屏）键

工作时间：碱性电源 600h 以上、镍镉电源 200h 以上、锂电源 1000h 以上。

电源低电压报警：蜂鸣器发出连续声及显示特殊符号。

尺寸：67mm×116mm×32mm。

质量：约 200g。

防爆级别：本质安全设计。

3）使用方法

开机之前：按"☀/▲"键，显示仪器 ID（仪器号码）和传感器所监测的气体类型。

开机：按"←"键，显示所监测的气体类型、浓度和测量单位。

关机：同时按"☀/▲"和"✳/▼"键至少 1s。

报警：报警后按"←"键确认报警（关闭报警）。

信息模式：按"←"键显示下一屏。

菜单模式：按"←"键 3s 以上，显示菜单选项。

照明：按住"☀/▲"键，显示屏背景照明将开启 10s。

日常应用菜单操作：按"←"键翻页；按"☀/▲"或"✳/▼"键换行；▲光标指在字位上时，按"☀/▲"或"✳/▼"键加或减数字，按"←"键右移光标或确认；选择并确认"ACCEPT"菜单行即确认所选的数值，若选择并确认"CANCEL"菜单行则不接受已更改的数值。

4）注意事项

（1）如果被测气体浓度超过最大测量范围，则显示"++++"，如果被测气体浓度超过最小测量范围，则显示"----"。

（2）掌握各种报警信号和对应的显示符号。

（3）"更换电池指示"设置为 7.0V，"电池无电报警"设置为 6.2V；电源低电压报警后，若是镍镉电源包则还可运行 1h，若是碱/锂电源包则还可运行 8h；电池无电报警后，仪器已无法操作。

（4）若更换相同型号传感器，则仪器原有设置保持不变；否则，必须重新设置。

（5）不许在易爆危险地区更换传感器和电池，废传感器和电池应按特殊废品处置，不得随意丢弃。

### 2. HS-87 型便携式硫化氢监测仪

1）结构组成

图 4-17 所示为 HS-87 型便携式硫化氢监测仪基本结构。

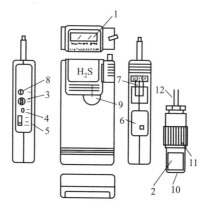

图 4-17　HS-87 型便携式硫化氢监测仪

1—数字显示；2—硫化氢传感器；3—调零旋钮；4—量程旋钮；

5—电源开关；6—外接蜂鸣器插座；7—拆卸传感器按钮；

8—运行检查按钮；9—蜂鸣器；10—传感器罩；

11—搭扣带；12—延长电缆

2）仪器特点与技术性能

（1）仪器抗干扰的特点，见表 4-7。

表 4-7　仪器抗干扰的特点

| 影响气体 | 影响气体的浓度 | 干扰读数 |
|---|---|---|
| 乙炔（$C_2H_2$） | 116mg/$m^3$ | 2.3mg/$m^3$ |
| 丁烷（$C_4H_{10}$） | 5179mg/$m^3$ | 无干扰 |
| 二氧化硫（$SO_2$） | 60mg/$m^3$ | 2.9mg/$m^3$ |
| 二氧化氮（$NO_2$） | 30.8mg/$m^3$ | −2.1mg/$m^3$ |

续表

| 影响气体 | 影响气体的浓度 | 干扰读数 |
|---|---|---|
| 氯气($Cl_2$) | 63.4mg/m³ | -3.2mg/m³ |
| 甲烷($CH_4$) | 5% | 无干扰 |
| 氧气($O_2$) | 99.9% | 无干扰 |
| 二氧化碳($CO_2$) | 30% | 无干扰 |
| 氢气($H_2$) | 53.6mg/m³ | 0.09mg/m³ |

（2）技术性能。

检测原理：电化学，二电极传感器。

检测气体：空气中的硫化氢（$H_2S$）。

检测范围：基本范围 $0\sim45$mg/m³；提供范围 $0\sim149.9$mg/m³。

指示方式：数字液晶显示 3 位；具有暗处自动照明功能。

检测误差：$\leq\pm5\%$ F.S（在标准范围内连续使用）（F.S 指满量程）。

报警设置及方式：报警预置点——15mg/m³（硫化氢），间歇声；过量程报警——150mg/m³（硫化氢），持续声；低电压报警——持续声。蜂鸣器和报警灯属非制锁式。

报警精度：优于±30%预置标准。

响应时间：90%以上在 20s 内响应。

运行温度：$-10\sim40℃$。

电源：碱电池（标准）或镍-铬电池（任选）2 节。

连续使用：至少 250h（无报警和照明情况下）。

尺寸：68mm(宽)×112mm(高)×25.6mm(厚)。

质量：约 180g。

防爆级别：本质安全设计。

3）使用方法

（1）使用前请按下列顺序检查：

电源开关置"ON"，检查电池电压。此时仪表读数低于 $50\mu L/L$，而蜂鸣器持续报警时，表示电压过低，必须更换电池。

调整零点，检查传感器。用调零旋钮 3 调整数字显示读数为 00.0（此即在清洁空气中的读数，通过调零旋钮 3 使读数从 -00.0 出现后，慢慢调向+向，直至显示 00.0，这样可使调整更准确）。

（2）使用方法如下：

电源正常，调零完成后即可携带在身上用于检测。当仪器检测硫化氢超过

149.9mg/m³ 时，读数将显示 1□□□，此时蜂鸣器鸣响，发光二极管灯亮。出现这种过量程显示时，可将仪器带到清洁的空气中，使其自行恢复到 00.0。

当环境变暗时，该仪器的显示部位有自动照明功能；当环境嘈杂，难以听到本仪器的蜂鸣声时，建议使用外接蜂鸣报警器。

4）维护与注意事项

（1）校准方法。

为了安全起见，建议每隔 2~3 个月应校准一次。按"使用前检查"进行后，将仪器电源开关置"OFF"，与校准设备连接，电源开关置"ON"，此时读数应为零，调节校准设备的标准气体阀门至中部，保持其流量，直至仪器读数稳定 1min，用小螺丝刀调整仪器的量程旋钮 4 至校准设备指示的标准气体的读数值，若达不到标准气体的浓度读数时，表明传感器已老化，则需更换新的传感器（其有效寿命是 1~2 年，现场不能修复）。

当电池电力降低时，应在安全区域更换两节 A6 或 AA 干电池。

（2）注意事项。

① 由于该仪器采用电化学测试原理，因此不要将电池取下；

② 即使长时间不用仪器，每隔一个月也应更换新电池或充电；

③ 防止仪器进水、摔落，避免将仪器置于温度过高的地方。

### 3. SP-114 型便携式硫化氢监测仪

1）仪器各部名称

图 4-18、图 4-19 所示为 SP-114 型便携式硫化氢监测仪结构。

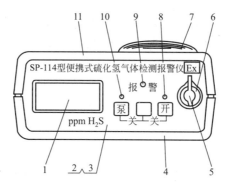

图 4-18　SP-114 型便携式硫化氢监测仪正面

1—数显窗口；2—面膜；3—面板；4—后盖；5—气嘴帽；6—进气口；7—过滤罩；

8—开机指示灯；9—报警指示灯；10—开泵指示灯；11—前盖

2）工作原理

传感器应用了定电压电解法原理，其结构是在电解池内安置三个电极，即工

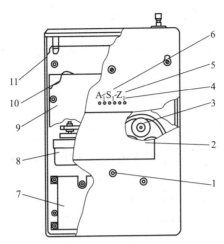

图 4-19　SP-114 型便携式硫化氢监测仪反面

1—充电插孔；2—铭牌；3—传感器；4—零点调整；5—增益调整；6—报警点设定；
7—电池盒；8—气泵；9—放大板；10—蜂鸣器；11—显示板

作电极、对电极和参比电极，并施加以一定极化电压，以薄膜同外部隔开，被测气体透过此膜到达工作电极，发生氧化还原反应，传感器此时将有一输出电流，此电流与硫化氢浓度成正比关系，这个电流信号经放大后，变换送至模/数转换器，将模拟量转换成数字量，然后通过液晶显示器显示出来。

3）仪器特点与技术性能

（1）仪器特点。

该仪器在电路设计上采用了大规模数字集成电路和超微功耗元器件，因而体积小、重量轻，携带方便；独特的触摸按键开关大大增加了仪器的可靠性，操作简便；具有数字显示、声光报警、电源欠压报警的功能。此外，仪器自带吸气泵，可通过吸气管将被测气体吸入仪器内检测，或者通过仪器扩散口在不开泵的情况下也可正常检测仪器周围气体中硫化氢的含量。本仪器为本质安全防爆结构，其防爆标志为 iaⅡCT6。适用于橡胶、化肥、炼油、皮革及暗渠、地下工程等建筑以及各种反应塔、料仓、储藏室、仓库及车、船舱等地点，它是石油化工、化学工业、人防、市政、冶金、电力、交通、军工、矿山、环保等部门的必备仪器。

（2）技术性能。

检测原理：电化学。

检测气体：空气中的硫化氢（$H_2S$）。

检测范围：$0\sim300\text{mg}/\text{m}^3$

指示方式：3 位半数字液晶显示。

检测误差：≤±5% F. S。

报警设置：15mg/m³（0~75mg/m³ 内可调）。

报警方式：蜂鸣器断续急促声音，报警指示灯闪亮。

报警误差：≤8%（与检测误差累加值）。

响应时间：90%以上在 30s 内响应。

运行温度：-5~45℃。

电源电压：4.8V（GNY0.7×4）。

电源低电压报警：蜂鸣器发出连续声及显示"LOBAT"字样，报警指示灯连续发光。

连续使用：开泵≥4h，扩散≥10h。

吸气泵抽气量：≥0.5L/min。

传感器寿命：≥2 年。

尺寸：200mm（长）×140mm（宽）×60mm（厚）。

质量：约 820g。

防爆级别：本质安全设计。

4）使用方法

（1）开启电源。

按下电源"开机"触摸键即可接通电源，此时电源指示灯发红光，仪器将有显示。

（2）检查电源电压。

电源接通后或在仪器工作过程中，如果蜂鸣器发出连续声同时液晶显示"LOBAT"字样，报警指示灯连续发光时，说明电源电压不足，应立即关机充电 14~16h，充电必须在安全场所进行。

（3）零点校正。

如果在新鲜清洁的空气中数字显示不为 000，则用螺丝刀调整调零电位器（$Z_1$）使显示为 000；如果达不到或数字跳动变化较大，则说明传感器可能出现问题，应与厂家联系修理或更换。

（4）正常测试。

开机并在空气中调节 000 显示后即可进行正常测试。通常测试气体是从仪器前面扩散进去的仪器周围环境中的硫化氢含量；如果需要测试操作人员不能进入区域的硫化氢含量时，可将本机采样管接入吸气嘴，将采样管口伸到被测地点，按动"开泵"触摸键，开泵指示灯发出红光，此时测试气体是从吸气嘴吸入的硫化氢含量。

（5）关泵及关机。

用两个手指同时按下"开泵"及"关"触摸键，即可停泵；用两个手指同时按下"开机"及"关"触摸键，即可关机。

注意：两个手指应同时放开或先放开"开泵（开机）"按键，否则不能停泵或关机。

5）注意事项

（1）本仪器为精密安全仪器，不得随意拆动，以免破坏防爆结构。

（2）充电时必须在没有爆炸性气体的安全场所进行。

（3）使用前须详细阅读使用说明书，严格遵守使用方法。

（4）在潮湿的环境中存放应加放防潮袋。

（5）防止从高处跌落或受到剧烈震动。

（6）仪器长时间不用也应定期对仪器进行充电处理（每月一次）

（7）仪器使用完后应关闭电源开关。

（8）仪器校正增益电位器（$S_1$）出厂时已标定好，不得随意调整。

6）故障处理

常见故障及处理见表4-8。

表4-8　常见故障及处理

| 故　　障 | 原　　因 | 处 理 方 法 |
|---|---|---|
| 零点不可调 | 增益电位器($S_1$)调整偏低 | 重新标定 |
| | 传感器失效 | 更换新传感器 |
| | 电路故障 | 送修 |
| | 电池没电 | 进行充电 |
| 读数偏低 | 增益电位器($S_1$)调整偏低 | 重新标定 |
| | 传感器失效 | 更换新传感器 |
| 读数偏高 | 增益电位器($S_1$)调整偏高 | 重新标定 |
| | | 在纯净空气中调整调零电位器($Z_1$)，使显示为零 |
| 红色指示灯不亮 | 电池没电 | 进行充电 |
| | 电路故障 | 送修 |
| 报警鸣响不停 | 报警点设置不正确 | 重新设定 |
| | 传感器松脱 | 重新插接好 |
| | 电路故障 | 送修 |
| | 电池欠压 | 进行充电 |

## （二）固定式硫化氢监测仪

SP-1001型固定式硫化氢监测仪主机外形采用19in标准机箱，具有安装简便、操作方便等特点。控制电路采用先进的单机片技术，使整机智能化、工作稳定、测量精度高、通用性强。该仪器配有 8 个输入通道，主机以巡检方式工作，可设定两级报警值，并相应发出不同的声光报警信号。在仪器面板上设有 5 个功能键，用来进行参数设置、调整和功能控制。在仪器后面设有传感器探头接线端子、传感器电源熔断丝座、整机电源输入以及整机电源熔断丝座等。在软件上将常见气体的 12 种满度值等参数以数据库的形式被固化在程序存储器内，用户可根据需要选定。

### 1. 工作原理

该监测仪主机其核心为大规模集成电路—单片机 8031，程序存储器存有仪器监控程序，数据存储器存放随时可改变的参数和采集来的数据，外部输入的 4~20mA 电流信号 I/V 电路变换为电压信号，经前级放大器输入给 A/D 转换电路，转换出来的数据被存在数据缓冲区。数据处理程序对数据进行运算、判断处理，并送到显示接口。显示电路由一片 8279 智能芯片及外围电路组成，数码管电路采用段控方式工作。状态指示灯采用扫描方式工作。机内直流稳压电源除供内部电路外，还可给外部传感器提供直流 15V、1.5A 的电源。键盘采用有感触摸键。为了提高仪器的可靠性，在输入端加有保护电路，系统设有自动复位电路。硬件方框如图 4-20 所示。

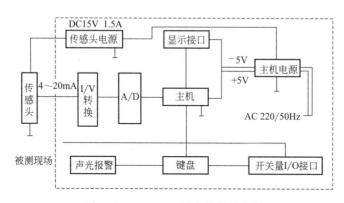

图 4-20　SP-1001 型主机硬件方框

### 2. 技术性能

适用范围：测量多种气体浓度、温度、压力等，4~20mA 标准信号。

工作方式：多路自动巡检。

巡检速度：8 通道/s。

测量精度：0.1%（0.15mg/m³）。

显示功能：数码管显示 12 位（四种状态显示），每一通道显示时间为 3s。

报警功能：声音报警：二级报警和一级报警发出的声音不同；

　　　　　光报警：每一通道都有两级报警指示灯。

输出电源：直流 15V、1.5A（为传感器提供电源）。

整机电源：220V/100W，50H$_z$（电流 1.5A）。

扩展功能：8 通道开关量输出（交流 220V，2A；交流 380V，2A）。

外形尺寸：450mm（长）×400mm（宽）×180mm（厚）。

质量：7.5kg。

**3. 使用方法**

1）前级传感器的连接

传感器的连接端子在仪器后面板上，共三排。下面一排为地线，上面一排为 +12V（或+15V）电源，中间一排为 4~20mA 信号输入端，自左到右依次为 1 到 8 通道。本仪器可以与进口传感器和国产传感器连接，连接时应注意不要把线接错（进口的二线制探头的电源线接+12V 或+15V，信号线接本主机的 4~20mA 信号输入端）。在每一通道的传感器的电源回路中都设有一个熔断器（200mA）。在通电前应逐一检查熔断器中的熔断管接触是否良好。

2）开关量输出

后面板上有两排接线端子，可控制交流 220V，2A 或交流 380V，2A 的负载。

3）通电

（1）将随机配有的电源线一头插在仪器后面板的电源插座上，另一头插在接有地线的三相插座上。

（2）打开电源开关，前面板的电源指示灯亮，数码管和指示灯应有显示，表示通电后仪器工作正常，否则应立即关掉电源，查明原因。

（3）用电压表检查传感器电压（+12V 或+15V），如果没有电压，应检查对应通道的熔断器。

（4）通电后仪器自动进入巡检状态。在没有接通传感器探头时，仪器将显示"OP"状态。接入传感器探头并极化稳定后，将显示现场被测气体数值。

前面板说明，如图 4-21 所示。

（1）A$_1$——一级报警指示。

（2）A$_2$——二级报警指示。

（3）B——正常状态指示。

（4）F——故障状态指示。

（5）巡检状态下 12 位数字显示如图 4-22 所示。

（6）5 个功能键。

"T-快"键：快速时间调整键。

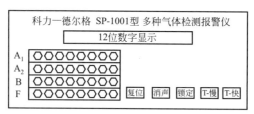

图 4-21　仪器前面板示意图

图 4-22　12 位数字显示示意图

"T-慢"键：慢速时间调整键。

"消声"键：人为终止报警器鸣叫。

"锁定"键：仪器工作在巡检状态下时，按下"锁定"键，可固定观察某一通道。

"复位"键：功能等同于重新加电。

4）设置

（1）报警值的设定。

在仪器前面板内侧的显示板上设有 4 支方形拨码盘用于设置报警值，在拨码盘上方标有"Ⅰ"的两支为一级报警值设定拨码盘，标有"Ⅱ"的两支为二级报警值设定拨码盘，如图 4-23 所示。

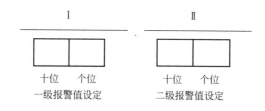

图 4-23　拨码盘示意图

每个拨码盘上有 0~9 十个数字，拨码盘上的箭头指的数字就是要设定的数字，每一级报警值由两支拨码盘设定。

（2）功能选择拨动开关的设置。

功能设置拨动开关为双列直插式 8 位拨动开关，与拨码盘装在一起。每一位都有两种状态，即"ON"和"OFF"。每一位代表一位二进制数，拨到"ON"表示"1"，拨到"OFF"表示"0"，如图 4-24 所示。

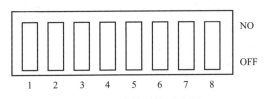

图 4-24 功能开关示意图

1~4 位—量程选位；5~7 位—点数选择；8 位—开关量输出状态控制位

5）使用注意事项

（1）在连接开关量输出时，接线要牢固，不要与后面板短路。

（2）仪器参数设置必须在关机的情况下进行。

（3）本仪器在正常工作情况下，当传感器线路出现故障时，仪器故障指示灯亮，并会有以下不同的显示：

当传感器无信号输出或传输线路开路时，显示"OP"；

当传感器信号输出超出测量范围或传输线路短路时，显示"E"。

# 二、有毒有害气体防护器具

## （一）PA94Plus 型正压式空气呼吸器

该空气呼吸器为两级压缩式，能为使用者在受污染的或缺氧的气体环境中提供呼吸防护。

### 1. 结构

主要组成：背板、背带、减压阀、吸气阀、气压表、报警哨、全面罩和气瓶等，如图 4-25 所示。

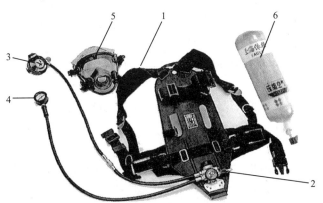

图 4-25 PA94Plus 型正压式空气呼吸器

1—背板及背带；2—减压阀；3—吸气阀；4—压力表及报警哨；5—全面罩；6—气瓶

（1）背板及背带：背板由碳纤维复合材料制成，结构符合人体工程学设计；背板和背带均为阻燃、防水、防静电材料，重量轻、抗冲击。

（2）减压阀：减压阀的主要作用是将空气瓶输入的高压空气转变为低而稳定的膛压空气以供给自动肺使用。与背板半固定连接，能够上下转动，易于拆装气瓶；有泄压保护装置，确保减压阀失灵时能迅速泄压；供气量最高可达1000L/min，在20bar时也可达到500L/min。

（3）吸气阀：可根据使用者的需气量自动调节供气量，也可手动增大供气量，可满足使用者不同劳动强度的需求并能够最大限度节省用气量。

（4）气压表及报警哨：压力表荧光显示，便于在黑暗中读取数据；外部有橡胶套保护，避免意外损坏；报警哨的作用是防止当佩带者遗忘观察压力表指示压力时，而可能出现的由于气瓶压力过低不能退出危险区的危险；内置于压力表管路内，位置设计在肩部，离耳朵近，报警强度大于90dB。

（5）全面罩：正压式，避免有毒气体进入面罩；双层密封边设计，气密封良好；内置口鼻罩，防止$CO_2$和水汽的扩散；不锈钢语音膜，确保通话良好。

（6）气瓶：材料为全缠绕式碳纤维复合材料，内胆采用高强度、耐腐蚀、重量轻的铝合金材料；开关和减压阀之间用高压快速接头连接。配置可选6.8L或9L单气瓶，也可选双气瓶。

**2. 工作原理**

该器具是以压缩空气为供气流而设计的隔绝开路式呼吸器，打开气瓶阀，压缩空气由空气瓶经高压快速接头流入减压器，减压器将输入压力转为膛压后经膛压快速接头输入自动肺。当人吸气时自动肺阀门自动开启，将压缩空气以较大的流量吸入人的肺部，当呼气时自动肺停止工作，供气阀关闭，呼出气体经面具上的排气阀排出，这样就完成了全部的呼吸过程。在一个呼吸循环过程中，面罩上的呼气阀和口鼻罩上的单向阀门都为单方向开启，所以整个气流是沿着一个方向，构成一个完整的呼吸循环过程。整个动作过程中面罩内始终保持正压。

**3. 技术性能**

使用时间：6.8L气瓶为68min，9L气瓶为90min（按中体力30L/min耗氧量计算）；

空气瓶参数：单气瓶或双气瓶配置、压力300bar；

高压连接：200~300bar；

中压：6~9bar；

气流速度：大于1000L/min，在20bar时大于500L/min；

报警压力：50~60bar；

质量：3kg（不包括气瓶）；

外形尺寸：620mm×320mm×150mm。

#### 4. 使用前的准备

1）固定单个气瓶

（1）检查减压阀阀口和手轮是否完好无损。接头的 O 形圈应在其位置上，并完好无损。

（2）将背板水平放置，展开气瓶带，将滑扣放在气瓶带中央。沿气瓶带到软管固定环形成一个封闭的环形。

（3）将气瓶放到空气瓶带的环内，阀口对着减压阀手轮。

（4）将装置竖起来，将手轮旋入阀口（手感到紧）。固定后，将防振带挂在手轮上。

（5）将背板放平，将气瓶带松开。在气瓶上拉带，使凸轮锁起作用。将带固定在尼龙褡链上。

2）固定两个气瓶

（1）检查减压阀的所有连接螺纹。Y 形件与气瓶阀应完整无损。O 形圈应在其位置上，并完整无损。

（2）将两个气瓶与 Y 形件连接。不要拧紧手轮。

（3）将背板水平放置，展开气瓶带，将滑扣放在气瓶带中央。在气瓶带的中央形成气瓶带内的两个环。

（4）将两个气瓶放入气瓶带环内（每一个环放一个气瓶），将 Y 形件的出口对准减压阀手轮。

（5）将装置竖起，将减压手轮旋入 Y 形件的出口（不要拧紧）。

（6）将背板放平。将气瓶中央与背板对齐。将手轮拧入气瓶阀的口内，并拧紧（手感到紧）。将双防振带挂到 Y 形件的手轮钩内。

（7）将气瓶带松开。将气瓶带拉紧，使凸轮锁起作用。将带固定在尼龙褡链上。

3）将吸气阀与装置连接

将吸气阀上的阳接头插入中压管上的阴接头。检查连接是否牢固。

#### 5. 使用前的检查

1）高压泄漏检查

（1）压复位杆。抬起和关闭正压机构。在按压复位杆时不要压橡胶盖的中央，不要强制它止动。

（2）慢慢地将气瓶阀全部打开，如果是双气瓶配置，只需要打开一个气瓶。

注意：如果发现吸气阀泄漏，按压橡胶盖中央，松开正压机构，按压复位杆，抬起正压机构。重复这样的动作两到三次，以消除泄漏。如果消除不了泄漏请将平衡活塞装置退回德尔格客户服务部。

（3）关闭气瓶阀门并观察气压表。

（4）气压表的读数变化应不超过 10bar/min。

2）消声报警装置测试

（1）PA90PlusA 型空气呼吸器：用手掌的突出部位盖住吸气阀出口，按橡胶盖中央打开正压。慢慢抬起手掌，使系统排气，维持压力慢慢下降。

PA90PlusN 型空气呼吸器：使系统慢慢排气，小心按压橡胶盖中央，即补充供给。

（2）观察气压表。应在到达预置压力时发出哨声。

注：德尔格公司预置压力为 55bar±5bar。

（3）如在未达到预置压力时发出哨声，可以按下列方法复位哨声。

（4）从位于高压软管与中压软管连接处减压阀内的调整器上，用 3mm 六角凹头扳手拆下防撞塞。顺时针方向旋转调整器，提高压力；反时针方向转动调整器，降低压力。

（5）从高压泄漏试起，重复哨声检查。

（6）当哨声测试满足要求后，按复位杆，并关闭正压。

3）将吸气阀与面罩连接

PA94PlusA 型空气呼吸器：

（1）检查面罩口和吸气阀 O 形圈，它们应是清洁的和完整无损的。

（2）将吸气阀压入面罩口，直到听到咔嗒声，安装到位。

（3）检查连接是否牢固。从面罩上拉吸气阀应没有轴向移动。

PA94Plus N 型空气呼吸器：

（1）检查面罩口和吸气阀 O 形圈，它们应是清洁的和完好无损的。

（2）将吸气阀手轮拧入面罩口，手感到紧。

（3）对齐吸气阀拧紧。

**6. 使用方法**

1）背上呼吸设备

（1）展开肩带与腰带。背上设备。

（2）连接带扣，从带扣拉出腰带两端，直到固定好，并使臀部感到舒服。将带的端部卷起在腰带内。

（3）向下拉肩带，直到感到舒适。将带的端部卷起在腰带内。

（4）张开面罩头部固定带，将中央带放在原位。在颈上套上颈带，将颈带扣压入头部固定具的中央带的孔内。

（5）将吸气阀与面罩连接。

（6）进行高压泄漏测试。气瓶的压力不能低于满压力的 80%。

（7）压复位杆。抬起和关闭正压机构。按压复位杆时不要压橡胶盖中央，不要强制杆止动。

（8）慢慢地将气瓶阀全部打开，使系统内有压力，检查气压表。如果是双气瓶配置，打开两阀。

2）戴上面罩

安全警告：胡须、胡茬和眼镜框可能会影响面罩在面部的密封，因此会影响对使用者的保护，应尽可能除去。

（1）从头部固定具中央带拆下颈带。

（2）拉开胶皮带。将面罩罩在下颌上，使固定具中央放在头的后面。

（3）均匀地向头的后方拉紧两根下面的带，接着拉上面的带。

（4）当达到面部正压时，在第一次呼吸时，吸气阀就被激活。

（5）正常呼吸。

（6）在使用前进行功能检查。

功能检查：

（1）吸气、憋住呼吸。装置应平衡，即没有听得到的泄漏。

（2）继续呼吸。呼出的空气应容易从呼吸阀流出。

（3）按吸气阀的橡胶盖中央，检查补充供气。

（4）关闭气瓶阀。正常呼吸，使系统排气。当气压表指示为零时，憋住呼吸，面罩贴住面部表明密封良好。

3）使用

（1）定期检查气压表指示，当压力下降到预置值时应有哨声报警。

（2）当听到哨声时，应从最近的和最安全的路线尽快到达安全区域。

4）使用后

安全警告：在没有到达安全区域或危险消失前，不要卸下设备。

（1）松开头部固定具侧部的带，按压复位杆打开正压，取下面罩。

（2）关闭气瓶阀。

（3）解开腰带扣，抬起肩带扣，使它松开，卸下设备。

（4）按压橡胶盖中央，使系统排气。在排气后，按压复位杆，抬起关闭正压机构。在按压复位杆时，不要按压橡胶盖中央，或在杆停止后强制杆运动。

（5）将呼吸设备交给维护部门。

**7. 日常维护**

1）卸下气瓶

安全警告：气瓶阀应关闭，系统应排完气。

单个气瓶：

（1）相对凸轮锁提起气瓶带的自由端使气瓶松开，松开带子。从减压阀手轮上使防振带脱钩（如果已固定），从气瓶阀上拧下手轮。从减压阀上卸下气瓶，从背板上拆下气瓶。

（2）向气瓶充气。

双气瓶：

（1）相对凸轮锁提起气瓶带的自由端，使气瓶松开。松开带子。使防振带从Y形件的每个手轮上脱钩（如果已固定）。从Y形件上拧下手轮，从减压阀上拔下两个气瓶，从背板上拆下气瓶。

（2）从每个气瓶上拧下Y形件。

（3）向气瓶充气。

气瓶充气：

将气瓶充气到气瓶上标明的压力。

安全警告：

用于呼吸系统的压缩空气质量必须符合国家标准的要求，只向气瓶充入下列压缩空气。

外观检查：

检查背板、所有的固定带、带扣或固定具、阀连接器和气瓶支持件和面罩的完好性。

2）清洁、消毒、烘干

在使用后，仔细清洁、消毒和彻底烘干脏污的零部件。

用清水冲洗，去除清洁液与消毒液，然后烘干。当将零部件烘干时，温度不应超过60℃。

3）吸气阀

对进行吸气阀的内部清洁与消毒。

4）隔膜

使用完后更换隔膜。

5）储存

储存的原则是随时都能使用。

（1）将肩带、腰带和面罩的头部固定具全部展开。

（2）将呼吸设备储存于干燥、低温的环境中，并应无尘无脏物。橡胶件应避免阳光直接照射。

安全注意事项：在时刻准备好使用的储存中，应保证呼吸设备固定牢靠，并且是由气瓶支持，而不是背板支持。可固定在墙上或隔板上。

6）维护与检测周期

按照表4-9中要求定期检查、测试和维护设备。将所有的数据记录在设备的记载中。这些要求也适用于非使用（储存的）设备。

表 4-9　定期维护与检测表

| 项目 | | 使用后 | 每月 | 每年 | 每 3 年 | 每 6 年 |
|---|---|---|---|---|---|---|
| 整套设备 | 清洁与消毒 | ○ | | | | |
| | 外观检查 | ○ | | | | |
| | 按照使用手册进行功能与泄漏测试 | ○ | | | | |
| | 根据制造标准进行流量和静态测试 | | | ○ | | |
| 吸气阀 | 根据需要清洁消毒 | ○□■ | | | □ | |
| | 见"□"标记注释内容 | | | ○ | | |
| 减压阀 | 中压检测 | | | ○ | | |
| | 更换高压连接器 O 形圈 | | | | | ○ |
| | 基础大修(修理更换方案) | | | | | |
| 气瓶 | 充气至规定压力 | ○ | | | | |
| | 充气压力检查,检查气瓶上的测试日期 | | ○◆ | | | |
| | 气瓶压力测试(按照国家标准),重新认证 | | | | | |
| 气瓶阀 | 根据需要,重新认证或进行基础大修 | | | | | |

标注说明：○德尔格公司建议（必要时由德尔格维修中心进行）。

◆依据国家相关标准。

■根据需要，对吸气阀接头 O 形圈（Molykote Ⅲ）涂油脂。

□如果定期将吸气阀浸泡于溶液中，德尔格公司建议在每 100 次清洁与消毒后，对 Banjo O 形圈重新涂油脂，每 3 年更换一次，不论使用与否。

## 8. 故障排除

常见故障、原因和排除方法见表 4-10。

表 4-10　常见故障、原因和排除方法

| 故障 | 原因 | 解决方法 |
|---|---|---|
| 面罩泄漏(用设备进行泄漏测试) | 密封圈有问题或未安装,或吸气阀 O 形圈连接有问题 | 安装或更换密封圈或 O 形圈 |
| | 呼吸阀泄漏 | 清洁与重新装配或更换 |
| | 语音膜损坏 | 更换 |
| | 头带不紧 | 拉紧 |
| 通信状态不良 | 语音膜损坏 | 更换 |
| 高压泄漏 | 检查连接的紧固程度 | 按需要紧固 |
| | 检查软管连接的密封 | 按需要更换密封件 |
| 安全减压阀泄漏 | 减压阀有故障 | 将减压阀送回德尔格公司 |

续表

| 故障 | 原因 | 解决方法 |
|---|---|---|
| 吸气泄漏<br>（不断泄漏） | O 形圈磨损 | 更换 |
| | 平衡活塞有故障 | 送回德尔格服务部 |
| | 隔膜未正确安装 | 重新正确安装 |
| | 旁路旋钮接通 | 关闭旁路旋钮 |
| 哨声不正确 | 哨子脏 | 清洁并重新测试 |
| 连续发出哨声 | 毛细管的密封件损坏 | 更换密封件并重新测试 |
| | 激活机构有问题 | 将减压阀送回德尔格公司 |

## （二）AHK-4 型正压式空气呼吸器

AHK-4 型正压式空气呼吸器主要适用于在易燃易爆气体、火场、有毒气体及窒息环境中工作的人员佩戴。正确使用它，可保证在上述恶劣环境中工作的人员安全自救或逃生，如图 4-26 所示。

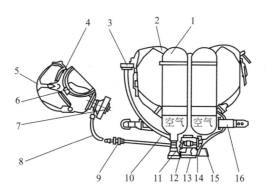

图 4-26　AHK-4 型正压式空气呼吸器

1—空气瓶；2—肩带；3—压力表；4—面罩；5—后头带；6—阻力罩；7—自动肺；8—膛压导管；
9—膛压块快速接头；10—高压导管；11—开关把手；12—高压快速接头手轮；
13—减压器；14—安全阀；15—报警哨；16—腰带

### 1. 结构

1）空气瓶

空气瓶由钢质无缝气瓶和开关两部分组成，气瓶是用高强度合金钢制造，安全可靠。开关和减压器之间用高压快速接头连接，采用 O 形橡胶密封圈密封。连接时旋紧减压器上高压快速接头手轮便可以和开关接头嘴连接。

2）减压器

减压器的主要作用是将空气瓶输入的高压空气转变为低而稳定的膛压空气以

供给自动肺使用。本减压器是属逆流式减压器，它的性能特点是腔室压力随着输入压力的下降而略有增大，可以保证自动肺在整个使用中，自动补给流量不低于起始流量。出厂的减压器是已经调整好的并进行铅封的。调整减压器腔压时，可以旋动大压盖。

3）压力表

压力表是按弹簧原理设计的专用压力表，通过高压螺旋导管经减压器壳体和空气瓶相连通，用以指示空气瓶中的实际压力。不要用扭、拉或其他方法使连接压力表导管产生永久变形。

4）安全阀

安全阀主要作用是防止腔压系统在一旦出现腔压过高时而可能发生的危险。出厂的安全阀是已调整好的，在一般情况下不用调整，若要调整时，旋松备紧螺母，调整压紧螺帽的拧入距离便可以调整排气压力。

5）报警哨

报警哨的作用是防止当佩带者遗忘观察压力表指示压力时，而可能出现的由于气瓶压力过低不能退出危险区的危险。产品出厂时，报警压力已调整在 4～6MPa。当气瓶的压力低于报警压力时，报警哨发出哨声报警。报警哨的另一个作用是在佩带时打开空气瓶开关后，由于输入给报警哨的压力由低压逐渐升到高压，在低于报警压力的时间内也要发出报警哨声，这可以证明空气瓶中有高压空气的存在，报警哨在 4～6MPa 报警后，按一般人行走速度为 5km/h 计算，到空气耗完为止可佩带 6～8min，行走距离为 660～830m，这里要着重指出报警哨是作为安全措施而设定的，佩带者在佩带过程中必须不断观察压力表以防万一报警哨失灵出现由于压力过低而无法退出危险区的可能性。

6）腔压快速接头

腔压快速接头是自动肺接通减压器的快速连接接头。待命中的仪器应处于接通状态。腔压快速接头的连接方法是将接头嘴插入接头座内，接头座外套筒自动跳位并锁紧，卸下时不要硬拔，必须将接头嘴向接头座内压入，同时用手将接头座外套筒向复原方向推动。当推到复原位置时，接头嘴很容易地从接头座内退出。

7）自动肺

自动肺的作用是将腔压空气转为一定流量的空气，按人的生理要求供人吸气。它是按小杠杆原理设计的，装置上设有弹簧，给膜片一个预压力，使自动肺阀门开启，面罩内长期处于正压状态，并能随着佩带者的呼吸状况调节阀门开启量。

8）面罩

面罩是模制橡胶结构，连同内罩，能防止二氧化碳的积聚及全视野护目镜出现冷凝汽。在面罩前面安装了传声膜，另有弹簧呼气阀，使面罩内保持正压。佩带面罩时，先将头带放到最大位置，带上后再拉紧头带，其松紧程度要适中。

**2. 工作原理**

AHK-4 型正压式空气呼吸器是以压缩空气为供气流而设计的隔绝开路式呼吸器，压缩空气由空气瓶经高压快速接头流入减压器，减压器将输入压力转为膛压后经膛压快速接头输入自动肺。当人吸气时自动肺阀门开启，将压缩空气以较大的流量吸入人的肺部，当呼气时自动肺停止工作，呼出气体经面具上的排气阀排出，这样就完成了全部的呼吸过程。整个动作过程中面罩内始终保持正压。

**3. 技术性能**

使用时间：40min（按中体力 30L/min 耗氧量计算）。

空气瓶参数：瓶数 2 个、压力 20MPa、容积 3.2L、质量 4.5kg。

空气储存量：1280L。

吸气压力：流量为零时，100~580Pa。流量从 0 增加到 200L/min 时，面罩内应保持正压。

呼气阻力：<680Pa（流量为 30L/min）。

膛室压力：0.4~0.6MPa（当气源压力为 20~2MPa）。

安全阀开启压力：0.7~0.8MPa。

报警压力：4~6MPa。

质量：13kg（不包括空气）。

外形尺寸：525mm×300mm×180mm（不包括面具）。

**4. 使用方法**

身体健康并经过训练的人员才允许佩戴空气呼吸器，职业队员应专台使用，在佩戴前大致检查一下空气呼吸器工作压力，其主要内容有：

（1）要慢慢地打开和关闭气瓶阀，避免给减压器和压力表造成冲击。

（2）空气储备量检查，打开空气瓶，观察压力表的压力值。

（3）检查报警哨是否正常。打开空气瓶后，报警哨在压力上升过程中有短促的哨声即为正常。

（4）检查自动肺动作是否正常。用手按动自动肺上的传动杆，有足够的通气量即为正常，佩带顺序应是先背上肩带后，打开两个气瓶开关，再戴上面具，最后系紧腰带。

佩带后一切正常的空气呼吸器，方可进入危险区，在工作时应注意以下几点：

（1）经常观察压力表指示值，掌握空气消耗量，根据退出危险区的距离估算出所需要的压力值，当压力表指示值降低至此压力时，要及时退出危险区。

（2）当做重体力劳动时，应交替劳动和休息，使之不发生挣扎性呼吸；当发生体力或神经紧张引起的频繁呼吸时，应停止工作，做几次深呼吸，以使呼吸趋于正常。

（3）在使用中一旦发生压力表或者螺旋导管破裂时，由于在减压器上有定量孔限制流量的保护作用，空气瓶中的空气不会立即流光，此时不要紧张，可迅速退出危险区。

**5. 检查及维护**

1）检查

职业队员的专用空气呼吸器和放置在工作场所的备用空气呼吸器，均应处于良好的待命状态，以便随时投入使用。专用空气呼吸器每隔一周检查一次；备用空气呼吸器每隔一月检查一次。检查项目及方法见表4-11。

表4-11　维护与检测表

| 序号 | 检查项目 | 检 查 方 法 |
|---|---|---|
| 1 | 瓶阀及瓶连接 | 打开瓶阀，用肥皂水涂抹瓶阀、把手密封处和螺帽，检查各部分的气密性 |
| 2 | 高压系统气密性 | 打开瓶阀，使高压部分充满20MPa压力空气后关闭气源。要求每分钟压降不能大于0.2MPa |
| 3 | 膛压系统气密性 | 取下快速接头，装上膛压表，打开瓶阀，调节膛压在0.4～0.6MPa范围内，用肥皂水涂抹各接头处和大压帽，不得漏气 |
| 4 | 膛室压力 | 取下快速接头，装上膛压表，打开瓶阀，气源压力为20MPa时，减压器膛室压力不小于0.4MPa；当气源压力降至2MPa时，膛室压力不大于0.6MPa |
| 5 | 报警压力 | 打开瓶阀，让高压部分充满10～20MPa压力空气后，关闭气源，操作自动肺的手动补给，打开阀门，使空气压力减小，测定开始发出警报时的压力，哨声要求正常人在1m处能听见 |
| 6 | 安全阀开启压力 | 打开气源，调整压力为0.7MPa，安全阀应气密。当压力调整到0.7～0.8MPa时，安全阀应开启 |
| 7 | 橡胶件是否老化 | 检查面罩，呼吸膜片等橡胶件的老化程度，发现有严重损坏的要及时更换 |
| 8 | 压力表 | 打开瓶阀，看指针是否平稳；关闭气源，看指针是否回零 |

2）维护

使用后的仪器应清洁并晾干（不要在日光下暴晒），将空气瓶卸下并进行充气，充到规定压力再装入仪器上以备再用。

**6. 注意事项**

（1）不准在有标记的高压空气瓶内充装任何别的种类的气体，否则，可能发生爆炸。

（2）避免将高压气瓶暴露在高温下，尤其是阳光的直接照射下。

（3）禁止沾染任何油脂。

（4）每个钢瓶附带的高压气瓶合格证，必须妥善保存，不得丢失。

（5）高压钢瓶和瓶阀每三年需进行水压试验一次，并记在合格证上，此事可委托制造厂进行。

（6）不得改变气瓶外表面的颜色。

（7）如无充气设备，应到国家许可的充气站充气。

（8）避免气瓶碰撞、抛扔或掉下，或用其他野蛮方法对待气瓶。

（9）避免日光直接照射，以防橡胶件老化。

（10）应放置在清洁的地方，以免损害佩戴者的生理健康。

（11）保管在温度为5~30℃、相对湿度为40%~80%的房间里，呼吸器距离暖气设备不小于1.5m，室内空气中不应含有腐蚀性的酸性气体或烟雾。

（12）橡胶制品如长期不使用应涂一层滑石粉。

# 第五章　井控坐岗观察
# 记录表的填写

本章主要内容包括钻井井控坐岗观察记录表的填写和录井井控坐岗观察记录表的填写。

## 第一节　钻井井控坐岗观察记录表的填写

### 一、井控坐岗记录填写总体要求

（1）钻井队要把井控坐岗观察记录填写作为近两个月井控培训的重点内容，组织职工全员培训，重点确保钻井队干部和6名以上职工（3名坐岗工、3名顶岗坐岗工）掌握井控坐岗观察记录的正确填写。在井控坐岗观察记录填写培训过程中，要让职工模拟填写坐岗观察数据，验证培训效果，对不会正确填写的员工重新培训直到填写合格，做好培训记录。

（2）由技术办人员负责对个别未参加指挥部组织的井控坐岗观察记录培训的钻井队技术人员进行培训，再由钻井队技术员组织全队职工培训。

（3）值班干部、技术员要加强井控坐岗观察工作的日常检查，掌握坐岗员是否按照培训要求正确填写，对不认真填写的或经过培训仍填写不正确的员工要再次进行培训直到合格，对再次培训后仍填写不正确的员工要按照本队的相关制度进行考核处罚。

（4）技术办技术管理人员要掌握井控坐岗观察记录的正确填写，在巡井检查中要检查坐岗观察记录的填写，将井控坐岗观察记录培训及填写情况纳入钻井队月度考核；项目部技术副经理和技术办负责人要询问技术办巡井人员是否检查坐岗观察记录、填写是否正确，要督促、检查技术办人员对井控坐岗观察记录培训和填写情况的月度考核。

（5）钻井队要自觉接受监督员对井控坐岗观察记录填写的监督检查，要按现场监督要求及时整改存在的问题。

（6）指挥部及总公司在各项安全检查或井控检查中将对井控坐岗观察记录填写作为重点内容检查、考核。

（7）所有钻井队必须使用新版井控坐岗记录，新版井控坐岗记录内容及格式不允许技术办、钻井队随意修改,若发现随意修改要从严处罚。钻井队、技术办要销毁存放的旧版井控坐岗观察记录,删除计算机中的旧版坐岗观察记录电子版本。

(8) 钻井队自行打印坐岗观察记录时,每页必须正面为坐岗观察记录表格、反面为坐岗观察记录填写说明,不要怕浪费纸张。

(9) 钻井队技术员要准确丈量循环罐尺寸、计算循环罐截面积,为井控坐岗观察记录填写提供必需的基础数据。

## 二、有罐式循环系统井控坐岗观察记录表的填写

### (一)钻进、循环、空井及电测工况

**1. 坐岗记录填写表格说明**

(1) 进入油气层前 100m 开始坐岗,正常情况下每 15min 记录一次。

(2) 未安装直读式标尺,在"循环罐液面(或钻井液体积)"一栏中填写"循环罐液面"的实测原始数据(单位为 cm,从罐面至液面深度)。

各循环罐截面积一致时,"液面变化合计"为各罐上下两组对应原始数据差值之和(单位为 cm,增为"+",降为"−")。

液量变化(m³)=液面变化合计×0.01×单个罐截面积系数(长×宽,m²)。

各循环罐截面积不一致时,不计算"液面变化合计"数值,应使用各自的截面积系数计算各罐的"液量变化",总的"液量变化"为各罐的"液量变化"之和。

(3) 安装了直读式标尺,直接在"1~6 号循环罐液面(或钻井液体积)"一栏中填写相应循环罐测量的钻井液体积,不计算"液面变化合计"数值。

各罐的液量变化(m³)=本次测量钻井液体积−对应罐上次测量钻井液体积。

总的"液量变化"为各罐的"液量变化"之和。

(4) 液量变化与进尺消耗量差值=液量变化−进尺消耗量,发现液量变化与进尺消耗量差值大于零时立即报警。

(5) 进尺消耗量=进尺×钻井液正常消耗系数×0.01,进尺消耗量取负值。

(6) 累计差值=本次液量变化与钻具体积差值+上次累计差值。

(7) 下列情况下,累计差值清零:

① 工况变化。

② 补充调整钻井液。

③ 井深每增加 100m,且液量变化为负值。

④ 井深每增加 100m,累计液量变化与钻井液正常消耗量(从下表查得)大于 1m³ 或井漏情况时,并经确认无井控异常现象。

（8）异常现象是指：溢流，空井、电测时井口外溢，灌不进钻井液等；钻时加快或放空；泵压下降、泵冲增加；钻具悬重明显变化；井口返出钻井液中有油滴、油迹、油花、气泡、有毒有害气体等。

**2. 井控坐岗观察记录基本格式**

罐式循环—钻进/循环/空井及电测工况下井控坐岗观察记录表的格式见表5-1，钻井液正常消耗系数见表5-2。

## （二）起、下钻工况

**1. 坐岗记录填写表格说明**

（1）进入油气层前100m开始坐岗。正常情况下，钻铤（套管）起下1柱、钻杆起下3柱记录一次。

（2）要求起下钻时灌入或返出钻井液集中在1个循环罐内，将其作为起下钻期间的灌浆罐，方便计量钻井液灌入或返出量。

（3）"钻杆/钻铤变化（油套管）"一栏中填写立柱数，下入钻具（柱）为"＋"，起出为"－"。钻杆变化填写在"/"的左侧，钻铤变化（油套管）填写在"/"的右侧。

（4）钻具体积（m³）＝钻杆/钻铤变化（油套管）×体积系数（起钻时"钻具体积"应为负值，下钻时"钻具体积"应为正值）。

（5）未安装直读式标尺，在"灌浆罐液面（或钻井液体积）"一栏中填写"灌浆罐液面"实测原始数据（单位为cm，从罐面至液面深度）。

灌浆罐液面变化(cm)＝上次灌浆罐液面-本次灌浆罐液面。

液量变化(m³)＝灌浆罐液面变化(cm)×罐截面积系数(长×宽,m²)÷100。

（6）安装了直读式标尺，在"灌浆罐液面（或钻井液体积）"一栏中填写测量的钻井液体积，不填写"灌浆罐液面变化"。

液量变化(m³)＝本次测量钻井液体积-对应罐上次测量钻井液体积。

（7）液量变化与钻具体积差值＝液量变化-钻具体积；

累计差值＝本次液量变化与钻具体积差值+上次累计差值。

（8）起下钻时，液量变化与钻具体积差值大于1m³时溢流报警。下油管时，根据送井油管尺寸由技术员换算油管体积系数。

（9）异常现象是指：溢流，灌不进钻井液；钻具悬重明显变化；井口返出钻井液中有油滴、油迹、油花、气泡、有毒有害气体等。

（10）钻具尺寸发生变化时，要使用对应的体积系数；补充钻井液或中途循环后，确认无井控异常时累计差值清零。

**2. 坐岗记录表格基本格式**

井控坐岗观察记录见表5-3，钻具及套管体积表系数见表5-4。

表 5-1　井控坐岗观察记录（罐式循环—钻进/循环/空井及电测工况）

班组：　　　　　　　　　　　　　　　　队号：

| 时间 | 工况 | 井深 m | 循环罐液面,cm 或钻井液体积,m³ | | | | | | 液面变化合计 cm | 液量变化 m³ | 液量变化与进尺消耗量差值 m³ | 累计差值 m³ | 密度,g/cm³ 黏度,s | | H₂S mg/m³ | CO mg/m³ | 可燃气体 % | 异常现象分析 |
|---|---|---|---|---|---|---|---|---|---|---|---|---|---|---|---|---|---|---|
| | | | 1号 | 2号 | 3号 | 4号 | 5号 | 6号 | | | | | 入口 | 出口 | | | | |
| ： | | | | | | | | | | | | | | | | | | |
| ： | | | | | | | | | | | | | | | | | | |
| ： | | | | | | | | | | | | | | | | | | |
| ： | | | | | | | | | | | | | | | | | | |

坐岗人：　　　　　　　　　值班干部：　　　　　　　　　　　年　　月　　日

表 5-2　钻井液正常消耗系数（m³/100m，本表已考虑了钻具壁厚）

| 井眼尺寸 ＼ 钻杆尺寸 | 5½in 139.7mm×10.54mm | 5in 127mm×9.19mm | 4½in 114.3mm×10.92mm | 4in 101.6mm×8.38mm | 3½in 88.9mm×9.35mm | 2⅞in 73.0mm×9.19mm |
|---|---|---|---|---|---|---|
| 12¼in(311.2mm) | 7.17 | 7.26 | | | | |
| 9½in(241.3mm) | 4.14 | 4.23 | | | | |
| 8¾in(222.2mm) | | 3.54 | | | | |
| 8½in(215.9mm) | | 3.32 | 3.76 | 3.306 | | |
| 8⅜in(212.7mm) | | 3.21 | 3.19 | 3.099 | | |
| 8⅛in(206.4mm) | | 3.00 | 2.98 | 1.578 | | |
| 7⅞in(200.3mm) | | | 2.81 | 2.91 | 2.91 | |
| 6in(152.4mm) | | | | | 1.589 | 1.643 |

表 5-3 井控坐岗观察记录（罐式循环—起/下钻工况）

队号： 班组： 井深： 工况：

| 时间 | 钻杆/钻铤（油套管）变化(柱) | 钻具体积 m³ | 灌浆罐液面，cm 或钻井液体积，m³ | 灌浆罐液面变化 cm | 液量变化 m³ | 液量变化与钻具体积差值,m³ | 累计差值 m³ | H₂S mg/m³ | CO mg/m³ | 可燃气体 % | 异常现象分析 |
|---|---|---|---|---|---|---|---|---|---|---|---|
| ： | — | | | | | | | | | | |
| ： | — | | | | | | | | | | |
| ： | — | | | | | | | | | | |
| ： | — | | | | | | | | | | |
| ： | — | | | | | | | | | | |
| ： | — | | | | | | | | | | |
| ： | — | | | | | | | | | | |
| ： | — | | | | | | | | | | |
| ： | — | | | | | | | | | | |
| ： | — | | | | | | | | | | |
| ： | — | | | | | | | | | | |
| ： | — | | | | | | | | | | |
| ： | — | | | | | | | | | | |
| ： | — | | | | | | | | | | |

坐岗人： 值班干部： 年 月 日

表 5-4　钻具及套管体积表系数（m³/柱）

| 壁厚/内径,mm | 钻铤 | | | | 钻杆 | | | | | 套管 | | |
|---|---|---|---|---|---|---|---|---|---|---|---|---|
| | 8in 203.2mm | 7in 177.8mm | 6½in 165mm | 4¾in 120.65mm | 5½in 139.7mm | 5in 127mm | 4½in 114.3mm | 4in 101.6mm | 3½in 88.9mm | 7in 177.8mm | 5½in 139.7mm | 3½in 88.9mm |
| /71.44 | 0.81 | 0.59 | 0.50 | 0.21 | | | | | | | | |
| 10.54/118.62 | | | | | 0.12 | | | | | | | |
| 9.35/70.21 | | | | | | | | | 0.07 | | | |
| 9.19/108.61 | | | | | | 0.10 | | | | | | |
| 8.56/97.18 | | | | | | | 0.08 | | | | | |
| 8.38/84.84 | | | | | | | | 0.07 | | | | |
| 7.34/74.22 | | | | | | | | | | | | 0.05 |
| 25.4/76.2（加重） | | | | | | 0.26 | | | | | | |
| 23.8/92.1（加重） | | | | | 0.27 | | | | | | | |
| 22.2/69.8（加重） | | | | | | | 0.22 | | | | | |
| 18.2/65.1（加重） | | | | | | | | 0.16 | | | | |
| 18.2/52.4（加重） | | | | | | | | | 0.14 | | | |
| 有回压阀（浮箍） | 0.92 | 0.71 | 0.61 | 0.33 | 0.44 | 0.36 | 0.29 | 0.23 | 0.18 | 0.74 | 0.46 | 0.18 |

## 三、无罐式循环系统井控坐岗观察记录表的填写

### （一）钻进、循环、空井及电测工况

**1. 坐岗记录填写表格说明**

（1）进入油气层前100m开始坐岗。正常情况下每15min记录一次，发现油气侵、溢流等应立即报告司钻，采取措施并加密监测、记录。

（2）在钻进和循环工况下，"出口流量变化"及"循环池液面变化"一栏填写"增加""减少"或"不变"。

在空井和电测工况下，"出口流量变化"一栏填写"无"或"外溢"。

（3）当出口流量及循环池液面有疑似变化时，停泵观察井口溢流状况及其他异常情况，确认无井控异常后方可继续作业。

（4）异常现象是指：溢流，空井（电测）时井口外溢、灌不进钻井液；钻时加快或放空；泵压下降泵冲增加；钻具悬重明显变化；井口返出钻井液中有油滴、油迹、油花、气泡、有毒有害气体等。

**2. 坐岗记录填写表格基本格式**

井控坐岗观察记录（无罐式循环—钻进/循环/空井及电测工况）见表5-5。

### （二）起、下钻工况

**1. 坐岗记录填写表格说明**

（1）进入油气层前100m开始坐岗。正常情况下，钻铤（套管）起下1柱、钻杆起下3柱记录一次。

（2）起钻时，要求用上水罐作为灌浆罐，计算好罐截面积系数。

（3）"钻杆/钻铤变化（油套管）"一栏中填写立柱数，下入钻具（柱）为"+"，起出为"−"。

钻杆变化填写在"/"的左侧，钻铤变化（油套管）填写在"/"的右侧。

（4）钻具体积($m^3$)＝钻杆/钻铤变化(油套管)×体积系数(起钻时"钻具体积"应为负值,下钻时"钻具体积"应为正值)。

"灌浆罐液面"为实测原始数据（单位为cm，从罐面至液面深度）。

灌浆罐液面变化＝上次灌浆罐液面−本次灌浆罐液面。

液量变化($m^3$)＝灌浆罐液面变化(cm)×罐截面积系数(长×宽,$m^2$)÷100。

液量变化与钻具体积差值＝液量变化−钻具体积。

累计差值＝当班各次记录差值之和。

（5）"下钻钻具静止时井口是否断流"一栏填写"是"或"否"。

下钻钻具静止时井口不断流，立即报告司钻，采取措施。

（6）异常现象是指：溢流；钻具悬重明显变化；井口返出钻井液中有油滴、油迹、油花、气泡、有毒有害气体等。

表 5-5 井控坐岗观察记录（无罐式循环—钻进/循环/空井及电测工况）

队号：　　　　　　　　　　　　　　　　　　班组：

| 时间 | 工况 | 井深 m | 出口流量变化 m³ | 循环池液面变化 cm | 密度，g/cm³/黏度，s | | H₂S mg/m³ | CO mg/m³ | 可燃气体 % | 异常现象分析 |
| --- | --- | --- | --- | --- | --- | --- | --- | --- | --- | --- |
| | | | | | 入口 | 出口 | | | | |
| ：| | | | | | | | | | |
| ：| | | | | | | | | | |
| ：| | | | | | | | | | |
| ：| | | | | | | | | | |
| ：| | | | | | | | | | |
| ：| | | | | | | | | | |
| ：| | | | | | | | | | |
| ：| | | | | | | | | | |
| ：| | | | | | | | | | |
| ：| | | | | | | | | | |

坐岗人：　　　　　　　　　　　　　值班干部：　　　　　　　　　　　年　　月　　日

## 2. 记录表格基本格式

井控坐岗观察记录（无罐式循环—起／下钻工况）见表 5-6。钻具及套管体积表系数（m³／柱）见表 5-7。

**表 5-6　井控坐岗观察记录（无罐式循环—起／下钻工况）**

队号：　　　　　　　　　　　班组：　　　　　　　　　　　工况：

| 时间 | 钻杆/钻铤（套管）变化,柱 | 钻具体积 m³ | 起 | | | 钻 | | | 下钻钻具静止时井口是否断流 | H₂S mg/m³ | CO mg/m³ | 可燃气体 % | 异常现象分析 |
| | | | 灌浆罐液面 cm | 灌浆罐液面变化 cm | 液量变化 m³ | 液量变化与钻具体积差值 m³ | 累计差值 m³ | | | | | |
| ：| — | | | | | | | | | | | | |
| ：| — | | | | | | | | | | | | |
| ：| — | | | | | | | | | | | | |
| ：| — | | | | | | | | | | | | |
| ：| — | | | | | | | | | | | | |
| ：| — | | | | | | | | | | | | |
| ：| — | | | | | | | | | | | | |
| ：| — | | | | | | | | | | | | |
| ：| — | | | | | | | | | | | | |
| ：| — | | | | | | | | | | | | |
| ：| — | | | | | | | | | | | | |
| ：| — | | | | | | | | | | | | |
| ：| — | | | | | | | | | | | | |

井深：　　　　　　　　　　　　　　　　　　　　　　　年　　月　　日

坐岗人：　　　　　　　　　　　　　　　　　值班干部：

表 5-7　钻具及套管体积表系数 （m³/柱）

| 壁厚/内径,mm | 钻铤 | | | | 钻杆 | | | | | 套管 | | |
| --- | --- | --- | --- | --- | --- | --- | --- | --- | --- | --- | --- | --- |
| | 8in 203.2mm | 7in 177.8mm | 6½in 165mm | 4¾in 120.65mm | 5½in 139.7mm | 5in 127mm | 4½in 114.3mm | 4in 101.6mm | 3½in 88.9mm | 7in 177.8mm | 5½in 139.7mm | 3½in 88.9mm |
| /71.44 | 0.81 | 0.59 | 0.50 | 0.21 | | | | | | | | |
| 10.54/118.62 | | | | | 0.12 | | | | | | | |
| 9.35/70.21 | | | | | | | | | 0.07 | | | |
| 9.19/108.61 | | | | | | 0.10 | | | | | | |
| 8.56/97.18 | | | | | | | 0.08 | | | | | |
| 8.38/84.84 | | | | | | | | 0.07 | | | | |
| 7.34/74.22 | | | | | | | | | | | | 0.05 |
| 25.4/76.2(加重) | | | | | | 0.26 | | | | | | |
| 23.8/92.1(加重) | | | | | 0.27 | | | | | | | |
| 22.2/69.8(加重) | | | | | | | 0.22 | | | | | |
| 18.2/65.1(加重) | | | | | | | | 0.16 | | | | |
| 18.2/52.4(加重) | | | | | | | | | 0.14 | | | |
| 有回压阀(浮箍) | 0.92 | 0.71 | 0.61 | 0.33 | 0.44 | 0.36 | 0.29 | 0.23 | 0.18 | 0.74 | 0.46 | 0.18 |

# 第二节　录井井控坐岗观察记录表的填写

## 一、录井井控坐岗工作基本要求及流程

### (一) 录井坐岗记录表的填写总体要求

(1) 接班时，要认真核对交接班记录，确认设备运转正常，各项资料数据与实际情况相符，安全防护设备设施齐全、完好。

(2) 值班人要严格按照间隔 15min 观察记录录井坐岗记录表，不得提前或推后。若发现池体积有升高或下降等异常现象，要及时向当班司钻汇报，查明原因，并在记录本上记录清楚，不得编造数据。

(3) 值班人要负责保持本班录井坐岗记录表整洁、规范，填写字迹要工整、清晰，不得随意涂改。

(4) 交接班时，记录表上交班人和接班人分别各自签名，不得代签。

(5) 录井坐岗记录表要妥善保存备查，保存期限为一年。

### (二) 录井井控工作流程图

录井井控工作流程图如图 5-1 所示。

## 二、录井井控坐岗观察记录表的填写

### (一) 罐式循环录井坐岗表的填写

#### 1. 罐式循环录井坐岗表的填写说明

(1) 封面：录井队号栏，填写本井录井的队号；钻井队号栏，填写钻机编号，如"川庆 40596A 队"；保存部门栏，填写录井单位全称，如"兴庆录井公司"。

(2) 井号：所钻井井号，如"高××井"。

(3) 接班井深：实际接班时的井深，单位"m"，保留两位小数。

(4) 交班井深：实际交班时的井深，单位"m"，保留两位小数。

(5) 时间：按要求时间间隔填写观察时的具体时间，如"20：30"。

(6) 钻头位置：观察时钻头的具体深度，单位"m"，保留两位小数；如果钻具全部从井筒提出，注明"井内无钻具"；如果起下钻、下套管，填写钻头或套管鞋所在深度。

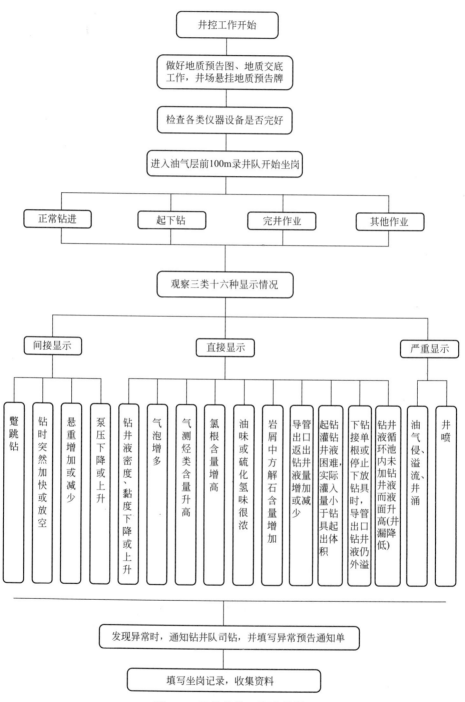

图 5-1  录井井控工作流程图

（7）工况：现场具体作业内容，如"起钻、下钻、换钻头、电测、下套管、处理事故"等。

（8）井内钻具立柱数：井内具体钻具立柱数量，不足一个立柱用分数表示，如"85⅓"表示钻具为85立柱加1根单根，每3根钻具为一个立柱。

（9）井内钻具体积：井内钻具总体积，单位"$m^3$"，保留两位小数。

（10）井内钻具体积变化量：本次记录减上次记录钻具体积的差值，用"+"或"−"表示，单位"$m^3$"，保留两位小数。

（11）罐内钻井液量：分罐记录各罐钻井液量和罐内钻井液总量，单位"$m^3$"，保留两位小数。

（12）罐内钻井液量变化量：本次记录减上次记录罐内钻井液总量的差值，用"+"或"−"表示，单位"$m^3$"，保留两位小数。

（13）差值：为本次罐内钻井液量变化量减井内钻具体积变化量的差值，用"+"或"−"表示，罐内钻井液变化量大于井内钻具体积变化量用"+"表示，否则用"−"表示，如"+0.15，−0.30"。

当差值超过0.50$m^3$提示钻井队，超过1.00$m^3$停止作业报警、查明原因无井控异常后方可继续作业。

（14）钻井液密度：按要求时间间隔分别监测或测量出入口处钻井液密度进行填写。

（15）钻井液出口处气泡、气味、流量（溢流、井漏）描述，钻时、气测异常预报：

有异常情况时按照实际情况进行描述，钻时明显加快（钻速增加一倍及以上），气测值异常，必须立即填写异常预报通知单进行异常预报；没有异常填写"正常"。

（16）异常预报时间：通知钻井队当班司钻或值班干部的时间，如"15：47"。

（17）坐岗人：录井队当班值班人签名。

（18）录井队长：录井队长对本班的记录检查审核签名。

（19）年月日：录井值班人填写记录的日期。

**2. 罐式循环录井坐岗表的填写格式**

录井井控坐岗记录表（罐式循环）格式见表5-8。

## （二）无罐式循环录井坐岗表的填写

**1. 无罐式循环录井坐岗表的填写要求及说明**

（1）封面：录井队号栏，填写本井录井的队号；钻井队号栏，填写钻机编号，如"川庆40596A队"；保存部门栏，填写录井单位全称，如"兴庆录井公司"。

## 表5-8 录井井控坐岗记录表（罐式循环）

井号：　　　　接班井深：　　　m　　　交班井深：　　　m

| 时间 h:min | 钻头位置 m | 工况 | 起、下钻井内钻具 | | 罐内钻井液量，m³ | | | | | | | 差值 m³ | 钻井液密度 g/cm³ | | 钻井液出口处气泡、气味、流量（溢流、井漏）描述；钻时、气测异常预报 | 异常预报时间 h:min | 坐岗人 |
|---|---|---|---|---|---|---|---|---|---|---|---|---|---|---|---|---|---|
| | | | 立柱数 柱 | 体积 m³ | 体积变化量 m³ | 1号罐 | 2号罐 | 3号罐 | 4号罐 | 5号罐 | 6号罐 | 合计 | 变化量 m³ | 入口 | 出口 | | | |
| | | | | | | | | | | | | | | | | | | |
| | | | | | | | | | | | | | | | | | | |
| | | | | | | | | | | | | | | | | | | |
| | | | | | | | | | | | | | | | | | | |
| | | | | | | | | | | | | | | | | | | |
| | | | | | | | | | | | | | | | | | | |
| | | | | | | | | | | | | | | | | | | |
| | | | | | | | | | | | | | | | | | | |
| | | | | | | | | | | | | | | | | | | |

录井队长：　　　　　　　　　　　　　　　　　　　　　　年　　月　　日

（2）井号：所钻井井号，如"高××井"。

（3）接班井深：实际接班时的井深，单位"m"，保留两位小数。

（4）交班井深：实际交班时的井深，单位"m"，保留两位小数。

（5）时间：按要求时间间隔填写观察时的具体时间，如"20：30"。

（6）钻头位置：观察时钻头的具体深度，单位"m"，保留两位小数；如果钻具全部从井筒提出，注明"井内无钻具"；如果起下钻、下套管，填写钻头或套管鞋所在深度。

（7）工况：现场具体作业内容，如"起钻、下钻、换钻头、电测、下套管、处理事故"等。

（8）井内钻具立柱数：井内具体钻具立柱数量，不足一个立柱用分数表示，如"85⅓"表示钻具为 85 立柱加 1 根单根，每 3 根钻具为一个立柱。

（9）井内钻具体积：井内钻具总体积，单位"m³"，保留两位小数。

（10）井内钻具体积变化量：本次记录减上次记录钻具体积的差值，用"+"或"−"表示，单位"m³"，保留两位小数。

（11）起钻时灌浆情况：填写正常、多灌或少灌。若出现多灌或少灌情况，需查明原因，判断是否为"溢流"或"井漏"。

（12）下钻时钻井液返出情况：是指下钻钻具静止时导管出口处是否返出液体，填写"是"或"否"。如果"是"，需立即通知钻井队当班司钻或值班干部。

（13）钻井液密度：按要求时间间隔分别监测或测量出入口处钻井液密度进行填写。

（14）钻井液出口处气泡、气味、流量（溢流、井漏）描述，钻时、气测异常预报：有异常情况时按照实际情况进行描述，钻时明显加快（钻速增加一倍及以上），气测值异常，必须立即填写异常预报通知单进行异常预报；没有异常填写"正常"。

（15）异常预报时间：通知钻井队当班司钻或值班干部的时间，如"15：47"。

（16）坐岗人：录井队当班值班人签名。

（17）录井队长：录井队长对本班的记录检查审核签名。

（18）年月日：录井值班人填写记录的日期。

**2. 无罐式循环录井坐岗表的填写格式**

无罐式循环录井坐岗表的填写格式见表 5-9。

## 表 5-9 录井井控坐岗记录表（无罐式循环）

井号：

接班井深：____ m　　　　下钻井深：____ m　　　　交班井深：____ m

| 时间 h:min | 钻头位置 m | 工况 | 起、下钻内钻具 立柱数 柱 | 起、下钻内钻具 体积 m³ | 起、下钻内钻具 体积变化量 m³ | 起钻时灌浆情况 | 下钻时钻井液返出情况 | 钻井液密度 g/cm³ 入口 | 钻井液密度 g/cm³ 出口 | 钻井液出口处气泡、气味、流量（溢流、井漏）描述，钻时、气测异常预报 | 异常预报时间 h:min | 坐岗人 |
|---|---|---|---|---|---|---|---|---|---|---|---|---|
| | | | | | | | | | | | | |
| | | | | | | | | | | | | |
| | | | | | | | | | | | | |
| | | | | | | | | | | | | |
| | | | | | | | | | | | | |
| | | | | | | | | | | | | |
| | | | | | | | | | | | | |
| | | | | | | | | | | | | |
| | | | | | | | | | | | | |
| | | | | | | | | | | | | |
| | | | | | | | | | | | | |
| | | | | | | | | | | | | |
| | | | | | | | | | | | | |

录井队长：　　　　　　　　　　年　月　日

# 第六章 录井坐岗及异常参数预报

本章主要内容包括录井井控管理制度、录井井控设备设施配置及相关要求和录井现场井控工作。

## 第一节 录井井控管理制度

### 一、录井井控工作制度

（1）认真贯彻落实中国石油天然气集团公司《钻井井控技术规范》（Q/SY 1552—2012）企业标准和长庆油田《石油与天然气钻井井控实施细则》，搞好录井工程井控安全工作。

（2）负责录井工程安全、生产、技术的各级领导、安全监督及管理人员、录井正副队长、地质设计人员、仪器操作人员、采集工等人员上岗前必须经集团公司授权的井控技术培训中心培训合格后，持井控操作证上岗；坐岗人员必须进行现场坐岗专门培训。

（3）钻井地质设计内容应该涵盖井区自然状况和目的层段地层孔隙压力（及梯度）、破裂压力（及梯度）、坍塌压力（及梯度）、有毒有害气体（$H_2S/CO$）、油气显示层位等预测资料和钻井液类型及性能使用原则。在开发调整区域或先注后采区域应提供本井区地层主应力方向和邻井的注水井情况。

（4）施工单位必须按规定标准为录井队坐岗人员配备防毒面具、正压式空气呼吸器、有毒有害气体检测仪等个人防护用品及检测仪器；录井队必须定期检查正压式空气呼吸器气瓶压力和防毒面具的有效性，压力不足和失效的滤毒罐应及时补充更新。

（5）录井队要及时收集邻井岩性、油气显示、地层压力、工程故障等资料，结合本井实钻情况进行对比分析，预告本井即将所钻地层的岩性、油气层显示情况、钻井液性能要求、可能工程故障等情况，使现场施工人员对可能出现的复杂情况提前做好准备。

（6）录井设备、仪器的线路安装必须规范，井场营房外电器应用防爆电器，装有漏电保护（防爆）开关；供电线路宜采用防油橡胶电缆，杜绝出现裸露、搭铁、接触或跨越油罐、交叉和多股捆绑在一起的现象，高度适宜。

（7）录井现场人员应在进入设计油气层前100m开始坐岗，直到完井固井作业完毕。除正常录井进行常规录井检测坐岗外，其他工况录井队必须落实专人坐岗观察记录。坐岗记录填写要齐全、规范、整洁、字迹工整，录井队长要每班审查记录并签字认可。

（8）录井作业过程中发现钻时变快、蹩跳钻、放空、钻井液密度下降黏度上升、油气侵、溢流、井漏、油气水显示及气测异常、$H_2S$ 或 $CO$ 异常等情况，必须及时向当班司钻或钻井队值班干部汇报，填写"异常预报通知单"，履行签字手续后妥善保存。

（9）异常情况汇报程序：录井坐岗人员发现异常→声光报警→上钻台汇报刹把操作人员→实时曲线标注、抓屏→填写异常预报通知单→钻井队和监督分别签字（一式三份，签字三方各保留一份）。

（10）录井现场人员要积极参加钻井队组织的井控教育培训和应急演习，服从钻井队井控工作统一管理。录井井控的职责是及时发现并预报异常，收集异常情况第一手资料，为钻井队有效处置异常情况赢得时间。

（11）各级安全检查人员在现场检查中，对录井队人员违反井控管理制度的行为有权责令整改，对不听指令者要严肃处理。

## 二、录井队井控工作要求

（1）熟悉地质设计和邻井地层及油、气、水分布情况，落实地层岩性及油层、气层、水层预报工作。

（2）加强随钻地层对比，及时提出可靠的地质预报。

（3）录井队长参加钻井队组织的钻开油气层前的工程技术、井控措施和井控应急预案交底会，并对地层岩性及油层、气层、水层预测情况、下步录井工作要求等向钻井队通报。

（4）确保录井设备、循环罐液面监测仪、有毒有害气体检测仪等仪器设备灵敏可靠、采集数据准确。

（5）强化应用录井仪器设备参数的检测，落实坐岗观察制度，能及时发现溢流等井控异常情况。

（6）发现特殊异常及时口头汇报当班刹把操作人员，随后补发异常通知单给钻井队值班干部和现场监督，三方履行签字手续。

（7）录井过程中发现地质设计以外的油气水层，要及时以书面形式向相关部门和钻井队汇报。

# 第二节　录井井控设备设施配置及相关要求

## 一、录井队伍井控设备设施配置

### （一）综合录井队

综合录井队设备应配置综合录井仪器房、地质房、传感器系统（$H_2S$ 传感器、CO 传感器、绞车、悬重、立压、套压、扭矩、转盘转速、泵冲、池体积、电导率、密度、温度、硫化氢、出口流量）、信号接口系统、气体分析系统、计算机软件系统、四合一气体检测仪、灭火器、正压式呼吸器、防毒面具及相关化学试剂等，设备配备数量和规格按企业标准配置（Q/SY 1295—2010），满足录井安全生产条件。通过监测工程参数、气测参数、钻井液等有效参数及时发现油气水漏、有毒有害气体显示和井下工程异常情况。

### （二）气测录井队

气测录井队设备应配置气测录井仪器房、传感器系统（$H_2S$ 传感器、CO 传感器、绞车、悬重）、信号接口系统、气体分析系统、计算机软件系统、四合一气体检测仪、灭火器、正压式呼吸器、防毒面具等，设备配备数量和规格按企业标准配置（Q/SY 1295—2010），满足录井安全生产条件。通过对地层气（岩屑气）实施监测，及时发现油气水漏和有毒有害气体，其井控工作由所属地质录井队统一管理。

### （三）地质录井队

地质录井队设备应配置地质房、钻时记录仪、资料处理设备、四合一气体检测仪、灭火器、正压式呼吸器、防毒面具及相关化学试剂等，设备配备数量和规格按企业标准配置（Q/SY 1295—2010），满足录井安全生产条件。

### （四）红外光谱等新技术录井队

井控工作由所属综合录井队或地质录井队统一管理。

## 二、仪器设备的标定校验与维护保养

### （一）标定要求

设备安装完后，必须对所有传感器及气体检测单元进行标定：新起用的传感器要标定；长时间未使用的传感器要标定。色谱仪标定不少于 5 个点，传感器标定不少于 3 个点（硫化氢传感器按出厂说明进行标定），如发现传感器的线性不好或有故障，应重新调整或更换传感器，并进行重新标定。标定合格后，应及时填写相关记录。

## （二）校验要求

录井过程中，每次起下钻对传感器和色谱仪要进行一次校验。色谱系统每次起下钻校验一次（纯甲烷和混合样），其测量值与校准值误差以及重复性误差均应小于 5%，且各单一组分分离清楚。硫化氢传感器每 7d 进行一次校验，测量值与校准值误差不大于 4mL/m³，重复性误差不大于 5%。校验合格后，应及时填写相关记录。

## （三）维护与保养

定期对仪器设备设施进行维护与保养，每次起下钻，钻井液池内的传感器必须进行清洁和保养，并对存在的问题、解决与否做好记录备查。

开钻前要与钻井队一起丈量每个循环罐及小方罐的内空尺寸，计算内容积，校验标尺，绘制容积换算表方便查询。

## （四）安全操作要求

（1）按岗位工作规定穿戴好安全帽、工衣、工鞋、劳保手套等劳保护具。

（2）操作前对设备进行检查，确认设备及安全装置、安全附件等完好。

（3）严格按设备操作规程操作。

（4）正确使用本岗位所需要的工具及检测仪器、仪表。

（5）在设备运行过程中，操作人员应按设备维护保养规程规定和"十字作业"（清洁、润滑、调整、紧固、防腐）要求做好设备保养工作。

（6）高危作业如需操作设备，必须严格按作业许可规定执行。

（7）禁止设备带故障运行。

（8）禁止任意拆除设备的安全装置、安全附件、仪器、仪表、警示装置。

（9）打扫卫生、擦拭设备时，禁止用水冲洗或用湿布去擦拭电气设备。

（10）井控坐岗开始前，检查正压呼吸器、有毒有害气体检测仪、防毒面罩等安全防护设备设施，保证处于正常状态，并放置在值班房方便取用的位置。

（11）室外收集资料时，注意选择安全路线，并携带有毒有害气体检测仪。

# 第三节　录井现场井控工作

## 一、录井地质预告

地质预告是指通过收集邻井岩性特征、油气水显示、地层压力、工程故障等资料，结合本井实钻情况进行对比分析，预告本井即将所钻地层的岩性、油气水显示、地层压力、可能工程故障等情况，为现场施工人员有效处置井下地质、工程复杂情况做好准备。

### （一）邻井资料收集

在开钻前，录井队应收集 2~3 口邻井资料，收集熟悉区域地层（层位、岩性、厚度、组合及标志层等）、生储盖层组合、油气水漏显示、压力变化等特征，特别是复杂地层、工程复杂事故的资料。在录井过程中结合本井设计内容和实钻情况，及时进行对比、分析、修正，做出较为准确的地质预告。

### （二）地质预告牌填写

（1）地质预告从井口开始，一般预告 2~3d 钻井井段内容。在快速钻进阶段，预告 1d 钻井井段内容。若实钻地质情况和预告内容不相符，要及时进行分析对比，根据分析对比结论变更预告内容。

（2）地质预告牌的填写内容包括井号、录井队号、日期、层位、分层井深、主要岩性特征、油气水漏显示、地层压力、工程提示（故障、含硫情况等）。

（3）预告牌填写内容要齐全，层位、井深、岩性、油气水漏显示、地层压力、故障提示、含硫情况等填写清楚，字迹工整，整个预告牌填写美观大方。

### （三）地质预告方式

地质预告牌要悬挂在地质值班房门前，方便现场施工人员观看和适时了解当班要钻地层情况和可能的工程复杂。录井技术人员和当班人员要在井队生产会、井控列会上汇报地质预告内容。

## 二、录井地层压力检测

地层压力简称"地压"，也称为地层孔隙压力，是指作用在岩石孔隙内流体（油气水）上的压力。

### （一）异常地层压力

异常地层压力是指地下某一特定深度范围的地层中，由于地质因素引起的背离正常地层静水压力趋势线的地层流体压力，包括异常的高压和欠压。

异常高压复杂井除地层压力比较高外，其各层系间压力系统还存在巨大差异。油田开采后期，因长期的开采和注水驱油，破坏了地层原有的压力系统，形成异常复杂的多压力层系，致使钻井施工中井壁的稳定性差，钻井难度增大，尤其是天然气溢流随钻井液往井筒上方运移时会滑脱、膨胀，因而在短时间内就可能造成井喷。

异常高压存在时，进行地层压力检测的目的是在钻穿含有异常高压的渗透性地层时，采用合适的钻井液密度，平衡地层流体压力。

### （二）地层压力监测

地层压力监测首先应收集邻区、邻井的压力录井、测试和测井资料，进行钻前预测。钻进中采用录井岩屑变化、钻时、气测、液面、温度、密度、电导率等参数异常进行实时检测。

在异常高压地层钻达之前，会有一系列参数发生变化，指示可能钻遇异常高压油气层，见表 6-1。

表 6-1　指示异常高压的参数变化

| 参数 | 变化情况 | 参数 | 变化情况 |
|---|---|---|---|
| 气测基值 | 升高 | $\sigma$ 指数 | 减小 |
| 单根气 | 升高 | 出口温度 | 升高 |
| 后效气 | 升高 | 页岩密度 | 减小 |
| $dc$ 指数 | 减小 | 出口电导率 | 减小 |

综合录井技术用于监测地层压力的方法主要有 $dc$ 指数法、Sigma 法、泥（页）岩密度法、地温梯度法、$C_2/C_3$ 比值法等。其中在砂泥岩地区最常用的方法是 $dc$ 指数法（通过分析钻进动态数据来检测地层压力的一种方法。动态数据主要有钻速、大钩负荷、转速、扭矩以及钻井液参数。其中钻速随地层变化有明显的变化），在碳酸盐岩地区用 Sigma 法，而最简单的方法为泥（页）岩密度法。

## 三、录井井控坐岗基础知识

### （一）钻井液中烃类气体来源

（1）钻头破碎岩石孔隙中的气体。

（2）岩屑在上返过程中，因压力逐渐减小而释放出来的气体。

（3）在钻进中，地层向井筒中直接扩散或浸入的气体。

## (二) 影响气测分析气体含量大小的工程因素

(1) 钻头直径：钻头直径越大，钻进过程中，破碎的岩石越多，则钻井液中的气体含量就越大。

(2) 钻速：钻速越高，单位时间破碎的岩石就越多，则钻井液中的气体含量就越大。

(3) 地层压力：地层的压力越高，其往钻井液中渗透的气体就越多，气测仪检测到的气体含量就越大。

(4) 钻井液流量：钻井液流量越大，单位体积内岩屑含量越少，所检测到的气体含量就越小。

## (三) 常用录井专业术语

(1) 基值：也称为背景值，是由钻井液污染引起的（油基钻井液及钻井液中的各种添加剂或化学反应剂都会产生基值）；在其他条件不变情况下，打开的油层越多，油气层显示越好，其基值就越高。

(2) 异常值：是指钻开油气层后气测仪检测到的气体值。

(3) 接单根气：打开油气层后，每接一根新钻杆时会出现接单根气，气测录井图上就会出现一个峰值。接单根时，由于钻井液不循环，因此在气体记录仪图上，基值是减小的，一个迟到时间后，记录仪上就会出现一个峰值。

(4) 后效：是指打开油气层后，起下钻一趟结束，循环开始一周后，记录仪上就会出现一个气测峰值。

(5) 有毒有害气体：是指有毒并对身体有害的气体。常见有毒有害气体按其毒害性质不同，可分为刺激性气体和窒息性气体。

① 刺激性气体，是指对眼和呼吸道黏膜有刺激作用的气体。最常见的有氯、氨、氮氧化物、二氧化硫、三氧化硫和硫酸二甲酯等。

② 窒息性气体，是指能造成机体缺氧的有毒气体。最常见的有一氧化碳、硫化氢、氮气、甲烷、乙烷、乙烯等。

## (四) 钻进/循环工况下坐岗知识

(1) 观察出口流量、钻时、岩性、气测值、气味、槽面气泡、油花等变化情况，并做好记录。

(2) 监测钻井液池体积、密度、黏度、氯离子含量，掌握变化情况，并做好记录。

(3) 对加入钻井液处理剂的时间、井段、药品名称及数量（称四要素）在地质原始综合记录中做好记录。

（4）遇特殊显示应加密观察记录，发现异常情况（如池体积增加、是否有溢流、气侵、井涌等，池体积减小是否有井漏等，有毒有害气体显示）应认真分析原因，及时汇报。

（5）综合录井工（操作工）应加强盯屏，发现参数异常及时汇报。

## （五）起钻/下钻/下套管工况下坐岗知识

### 1. 地质工

清楚井内管具及组合，不同尺寸的钻管本体的每米容积和每柱容积，校对钻井液的灌入或返出量。

起钻前钻井液循环（含短程起下钻后的循环）观察应进行一周半以上，进口、出口密度差不超过 $0.02g/cm^3$ 方能起钻。如果达不到要求时要告知刹把操作人员，并记录好汇报时间、内容、刹把操作人员姓名等。

及时校核单次和累计灌入或返出量与起出或下入管具体积是否一致，如灌浆困难、少灌、多灌或多返、少返、失返等，要及时分析原因，及时汇报。

若管具水眼堵塞，则每起一柱记录一次钻井液灌注情况或连续灌注情况。当记录时间间隔大于 15min 时，按每 15min 记录一次，起钻时记录出口是否见返，若未见返要立即汇报，并做好记录。

短程起下钻后，循环时的后效显示要及时汇报，并详细收集后效显示资料。

认真观察、记录停止灌钻井液时和停止下放管具时出口是否断流（滴流或线流），发现异常及时汇报并做好记录。

每次起、下钻完，钻井液理论灌（返）量与实际灌（返）量误差超出 $0.5m^3$，要查明原因，并在记录中加以说明。

### 2. 综合录井工（操作工）

起下钻作业状态下在仪器房坐岗盯屏，发现池体积及其他参数异常及时汇报，并加强与循环罐坐岗人员核对数据。

起钻前循环钻井液（含短程起下钻后的循环），发现出口流量、池体积、气测值及其他参数异常及时汇报，及时完成实时曲线标注和抓屏工作。

## （六）电测/空井等工况下坐岗知识

### 1. 地质工

观察、记录出口是否有钻井液外溢（滴流或线流），池体积是否增加，液面是否在井口；每 15min 观察记录一次池体积，遇显示加密至 10min 或 5min；关井情况下井口是否有压力（立、套压），并做好记录；发现异常情况及时汇报。

### 2. 综合录井工（操作工）

在仪器房坐岗盯屏，并加强与循环罐坐岗人员核对数据，发现池体积增加或关井状态下立（套）压变化及时汇报；汇报后，及时完成实时曲线标注和抓屏工作。

## 四、各类异常显示特征及资料收集

### （一）气测异常

（1）显示特征：气测异常是指气测全烃值超过背景值两倍以上，且绝对值达到0.2%以上，钻井液性能及池体积无明显变化。

（2）资料收集：井深（迟深）、层位、起止时间；全烃、组分和钻井液密度、黏度等变化情况；落实显示井段，并收集该井段的钻时、岩性特征等资料；集气点火情况；热真空蒸馏（全脱）分析资料。

### （二）油（气）侵

（1）显示特征：槽面有气泡（油花），全烃及色谱组分值升高，起下钻后效气明显，钻时加快，池体积增加（有时欠明显），钻井液密度降低、黏度升高，电导率可能减小；地温梯度可能增大；岩屑无荧光显示。

（2）资料收集：井深（迟深）、层位、起止时间、钻头位置；全烃、组分、泵压、排量、出口流量和钻井液密度、黏度、池体积变化情况；落实显示井段，并收集该井段的钻时、岩性特征等资料；集气点火情况（火焰颜色、焰高、燃烧时间）；在油（气）侵显示的峰值取样做热真空蒸馏（全脱）分析；循环排气过程中的钻井液性能变化以及全烃和组分变化情况，出口有无喷出物（性质、喷势、喷远）及出口点火情况；记录压井时间、过程、钻具位置、加重剂数量、钻井液数量及性能，进出口钻井液性能及其变化情况，压井过程中有井漏，要收集井漏资料；关井时，记录关井时间、套压和立压及其变化情况。

### （三）溢流

（1）显示特征：溢流是指井筒内钻井液在静止状态下由于地层流体侵入井内，钻井液从井口溢出的现象。溢流的发生是在钻井液相对静止（如起下钻），或者空井状况发生的显示，表现为开始滴流、逐渐线流、直到股状流，钻井液涌出井口，池体积快速增加。

（2）资料收集：井深、层位、钻头位置、静止时间、发生时间、工程状况；溢流状态（滴流、线流、股状流等），钻井液体积及性能变化情况，槽面气泡及油花；落实显示井段，并收集该井段的钻时、岩性特征等资料；抢下钻具情况及下深，循环排气时间及钻井液性能变化和全烃、组分变化情况；记录压井时间、过程、钻具位置、钻井液数量及性能，进出口钻井液性能及其变化情况，压井过程中有井漏，要收集井漏资料；记录关井时间、套压和立压的变化情况。

### （四）井涌

（1）显示特征：井涌是指井内钻井液从出口、喇叭口涌出或涌出转盘面上，井涌伴有全烃及组分值升高，池体积明显增加，钻井液性能明显变化。发生井涌前，一般会有钻时加快、钻具有整跳、放空现象，泵压下降和流量增加。流体含气多、电导率下降；流体含水多、温度上升。

（2）资料收集：井深（迟深）、层位、起止时间、钻头位置、涌势、涌出物性质，钻具是否有整跳、放空现象；含油气水情况和全烃、组分变化情况；池体积、泵压、排量、密度、黏度等变化情况；落实显示井段，并收集该井段的钻时、岩性特征等资料；集气点火情况（火焰颜色、高度、持续时间）；在油（气）显示的峰值取样做热真空蒸馏（全脱）分析；循环排气过程中的钻井液性能变化以及全烃和组分变化情况，出口有无喷出物（性质、喷势、喷远）及出口点火情况；压井时间、过程、钻具位置、钻井液数量及性能，进出口钻井液性能及其变化情况，压井过程中若有井漏，要收集井漏资料；记录关井时间、套压和立压的变化情况。

### （五）井喷

（1）显示特征：井喷是指地层流体（油、气、水）无控制地流入井筒并喷出地面，习惯上指井内流体喷至转盘面以上一定高度，或通过放喷管线放喷的情形。发生井喷时，主要是油或气大量进入井筒而造成的。一般井喷前，全烃、组分、池体积增加均能监测到，有钻时加快，钻具整跳、放空现象，泵压下降和流量增加等。

（2）资料收集：井深、层位、时间、钻头位置；悬重及泵压的变化、井喷前有无整跳钻及放空现象；落实井段，并收集该井段的钻时、岩性特征（次生矿物）等资料；喷出物性质（钻井液、原油、气、水）、颜色、数量、喷高、射程及其变化（由大到小、忽大忽小、间喷及间隔时间、续喷），喷出物性质可根据喷出物的颜色（褐→黄→灰白→青烟色，依次判断为钻井液带气→气带钻井液→气带水→气带油水或纯气）进行判断；压井时间、过程、钻具位置、压井液数量及性能，进出口钻井液性能及其变化情况，压井过程中若有井漏，要收集井漏资料；井喷原因分析：如异常压力、放空井涌、起钻抽汲等。

### （六）井漏

（1）显示特征：井漏是指当地层压力小于钻井液液柱压力时，井内钻井液进入地层的现象。在进口流量不变的情况下，出口流量变小，池体积明显减少。

（2）资料收集：井深、层位、起止时间、钻头位置；钻井液性能、漏失量，漏速、排量、泵压及其变化情况；落实井段，并收集该井段的钻时、岩性特征（次生矿物）等资料；井漏过程中有无油气水显示和放空现象；堵漏时间，堵漏材料类型、性能及用量，堵漏前后井内液柱情况，堵漏时钻井液返出情况及堵漏效果等；堵漏后恢复钻井情况，如是否有轻微或断续漏失等。

### （七）水侵

（1）显示特征：水侵是指地层水渗入井筒的现象。表现为池体积增加，电导率增高，温度上升，钻井液密度及黏度降低（地层出盐水时黏度先升后降）及出口流量增加等。

（2）资料收集：井深、层位、起止时间、钻头位置；钻井液性能、体积、电导率、温度、出口流量等参数及变化情况；落实井段，并收集该井段的钻时、岩性特征等资料；压井时间、过程、钻具位置、加入的加重剂类型和数量，进出口钻井液性能及其变化情况。压井过程中有井漏则收集井漏资料。

## 五、油气水漏（涌）显示特征及汇报程序

现场录井过程中要加强对录井工程参数、钻井液性能监测，认真观察钻井液出口和槽面显示状况及异常气体检测，对钻井液灌（返）量及总量进行校核，根据显示特征进行综合分析，就能及时发现油气水漏（涌）显示，见表6-2。

表6-2　录井参数变化与油气水漏（涌）显示关系

| 类别 | 钻时 | 气测 | 密度 | 黏度 | 温度 | 电导率 | $C_1$ | 气泡 | 泵冲 | 泵压 | 出流 | 池体积 |
|------|------|------|------|------|------|--------|-------|------|------|------|------|--------|
| 气测异常 |  | 升 |  |  |  |  | 不变 | 有 |  |  |  |  |
| 油气侵 | 降 | 升 | 降 | 升 | 降 | 降 | 不变 | 有 |  |  | 增 | 增 |
| 水侵 | 降 |  | 降 | 降 | 升 | 升 | 降 |  |  |  |  | 增 |
| 盐水侵 | 降 |  | 降 | 先升后降 | 升 | 升 | 升 |  |  |  |  | 增 |
| 井涌(气) | 降 | 升 | 降 | 升 | 降 | 降 |  | 有 | 增 | 降 | 增 | 增 |
| 井漏 | 降 |  |  |  |  |  |  |  | 增 | 降 | 减 | 减 |

### （一）汇报要求

发现油气水漏（涌）显示，必须立即汇报刹把操作人员和录井队负责人。

钻进时，钻时连续加快应立即提醒刹把操作人员，引起重视；油气层及目的层钻进时，钻时加快、有蹩跳钻或放空、次生矿物增多等应立即做出可能有油气水漏显示的汇报，并做好记录。

在起下钻、接单根和循环等工况发现疑似溢流必须"先汇报、再核实"。

异常预报通知单内容、地质原始记录、录井综合记录及录井坐岗记录表等原始记录必须与综合录井实时数据资料统一，以综合录井实时数据资料为基准。

遇气侵级别及以上的重大显示、目的层严重井漏、检测出有毒有害气体、地层复杂、较大地质工程事故等应在第一时间逐级上报。

### （二）不同工况下的汇报程序

**1. 钻进/循环作业**

录井井控监测重点：钻时明显变小，气测值上升，检测出有毒有害气体，钻井液池体积增加。

钻时明显变小：上钻台汇报刹把操作人员→实时曲线标注、抓屏→持续跟踪、二次汇报→填写异常预报通知单→监督及钻井队签字。

钻井液池体积增加、气测值（含硫化氢）上升：声光报警→上钻台汇报刹把操作人员→实时曲线标注、抓屏→持续跟踪、二次汇报→填写异常预报通知单→监督及钻井队签字。

**2. 起钻/下钻/下套管作业**

录井井控监测重点：高架槽出口钻井液是否有失返或外溢，计算钻井液灌（返）量差值检测是否有溢流，有毒有害气体检测，钻井液池体积是否增加。

录井坐岗人员观察发现异常→声光报警→上钻台汇报刹把操作人员→实时曲线标注、抓屏→填写异常预报通知单→监督及钻井队签字。

**3. 电测/空井作业**

录井井控监测重点：气测值上升，钻井液池体积增加，高架槽出口钻井液是否外溢，检测出有毒有害气体。

录井坐岗人员发现异常→声光报警→汇报井口控制者（队长、技术员或司钻）→实时曲线标注、抓屏→填写异常预报通知单→监督及钻井队签字。

## 六、录井井控主要危害因素识别及应急措施

根据长庆油田的特点和录井作业现场实际，通过对录井现场井控危害因素的识别和风险评价认为，录井过程中主要井控危害因素为井喷和有毒有害气体 $H_2S/CO$ 扩散。

### （一）井喷

**1. 井喷的发生**

（1）钻进状态：地层压力大于液柱压力；溢流发现不及时或汇报不及时。

（2）起下钻状态：溢流发现不及时或汇报不及时；起钻前进出口钻井液密度差值大于 $0.02g/cm^3$ 未及时汇报；起钻前钻井液循环时间不够未及时提示；钻井液实际灌（返）量与理论值有差异时未作原因分析或未及时汇报。

（3）其他作业状态：溢流发现不及时或汇报不及时。

**2. 潜在风险**

着火，$H_2S$ 扩散，人员伤亡，财产受损，资源破坏，油气井报废，环境污染，不良社会影响。

**3. 应急处置程序**

（1）发现溢流、井涌以及井喷突发事故时，应及时发出报警信号停止作业实施关井。

（2）穿戴好个人有害气体防护设施，在保证人员安全的情况下尽量收集相关地质信息、保存和复制录井数据后关闭录井设备、抢救地质资料、紧急关闭仪器房总电源，立即组织作业人员按照撤离路线迅速撤离到安全区；在确保人员安全撤离的前提下，携带所有录井资料。控制住井喷后，应对井场各岗位和可能积聚硫化氢的地方进行浓度检测。待硫化氢浓度降至安全临界浓度时，人员方能进入。

（3）一旦井喷失控，按钻井施工单位的统一指挥，人员佩戴好正压式呼吸器，测定井场周围及附近天然气和 $H_2S$ 等有毒有害气体含量，划分安全区域，设置醒目标志。

（4）录井队长随时向所属公司和项目组应急办公室汇报险情动态。

### （二）有毒有害气体（硫化氢/一氧化碳）

**1. 产生**

在钻进过程中，进入井筒内的有毒有害气体（$H_2S$/CO）随钻井液扩散到地面；发生溢流、井涌、井喷时，有毒有害气体（$H_2S$/CO）随钻井液或地层流体扩散到地面。

**2. 潜在风险**

造成人员中毒伤亡，财产受损，环境污染，不良社会影响。

**3. 应急处置程序**

（1）气体监测仪或录井仪发出有毒有害气体（$H_2S$/CO）超标的警报或提示音时，值班人员立即通知当班司钻或值班干部，并下发气体异常通知单。

（2）接到有毒有害气体（$H_2S/CO$）报警（报警器发出不少于 15s 长鸣）信息后，录井队长立即到现场，检查正压式呼吸器及防毒面具，随时准备使用。值班人员协助钻井队连续检测有毒有害气体（$H_2S/CO$）含量。

（3）当检测到 $H_2S$ 浓度达到 $15mg/m^3$ 或 CO 浓度达到 $31.25mg/m^3$ 时，非作业的录井人员疏散到上风口安全处待命。录井值班人员切断危险区的不防爆电器电源，协助钻井队监测现场 $H_2S$ 或 CO 浓度。

（4）当 $H_2S$ 浓度达到 $30mg/m^3$ 或 CO 浓度达到 $62.5mg/m^3$ 时，值班人员切断现场可能的着火源，佩戴正压式空气呼吸器（确保压力正常，如果气瓶压力接近 5MPa，应提前撤离），协助钻井队至少在主要下风口距井口 100m、500m 和 1000m 处进行 $H_2S$ 或 CO 监测，撤离现场非应急人员，清点现场人员。

（5）现场 $H_2S$ 浓度达到 $150mg/m^3$ 或 CO 浓度达到 $375mg/m^3$ 时，现场应急人员迅速切断录井仪、值班房所有电源，迅速撤离，撤离路线依据风向而定，应向上风方向的高处撤离。

（6）期间如果发现有录井人员中毒，第一时间求助钻井队救出中毒人员，将中毒人员撤离至安全区域，立即抬到上风口安全区由钻井队卫生员负责实施现场急救，救治过程在通风环境进行，且对中毒人员采取保暖措施。同时与具有救治能力的医院联系，由现场应急小组组长落实车辆，在抢救的同时派人立即送往医院。

（7）若现场正压式呼吸器的气源无法保障且 $H_2S$ 浓度超过 $30mg/m^3$ 或 CO 浓度超过 $62.5mg/m^3$ 时，应立即安排现场人员撤离。

（8）录井队长随时向所属公司和项目组应急办公室汇报险情动态。

## （三）应急演练

### 1. 分类

（1）桌面演练（理论演练）：按照某项应急预案内容在室内进行的口头式演练。

（2）功能演练（现场实际演练）：按照某项预案内容在施工现场组织的实际应急演练。如井控主体方钻井队或录井队组织的井喷或 $H_2S$ 扩散演练。

（3）全面演练（全面实际演练）：上级组织按照某项总预案内容，各相关方均参加的实际应急演练。如钻探公司组织的井喷联动或 $H_2S$ 扩散联动演习。

### 2. 实施

录井队应在录井前制定应急演练计划，积极配合钻井队开展应急演练。在开展应急演练前应认真准备便携式气体检测仪、正压式空气呼吸器、防毒面具等安全防护设备设施，再启动应急演练程序。

按照长庆油田公司《石油天然气钻井井控实施细则》要求，配合钻井队做好防喷（防 CO 及 $H_2S$ 扩散）应急联动演练。若钻井队未及时组织防喷（防 CO 及 $H_2S$ 扩散）应急联动演练，录井队可自行开展桌面演练或部分功能演练。

**3. 要求**

（1）现场所有录井人员都必须参加应急演练，演练人员必须签到，并做好演练过程记录。

（2）录井队按照应急演练的类型、参加演练人员的岗位，对照录井作业指导书和录井队编制的应急预案，详细记录演习过程，对应急预案的可行性、符合性和人员的熟练程度做出客观评价，针对存在的不足制定改进措施。

（3）演练结束后，要对应急预案、演练方案、演练参加人员进行评价，对于演练中存在的问题提出改进措施，逐步提高应急处置能力。

# 七、现场井控管理

录井井控工作重心在现场，重点在岗位，因此，加强录井现场井控管理，抓好油气水漏的发现、汇报，是井控工作的关键。现场井控管理主要搞好以下几个方面的工作。

## （一）综合录井监控

充分发挥综合录井仪在井控工作中的作用，做好以下工作：

（1）收集、掌握邻井资料，加强跟踪对比分析，及时做出油气水漏显示及地层压力异常预测预告。

（2）抓好开钻前、目的层（油气层）前的技术及井控安全交底工作，并提出具体的措施和岗位要求。

（3）钻井液池体积报警值设置为 $\pm 0.5 m^3$，$H_2S$ 报警阈限设置为 $15 mg/m^3$，其他参数可根据实际情况合理设置报警门限。

（4）录井人员应自觉增强井控安全意识，加强责任心，强化岗位职责，充分发挥岗位职能的作用。

## （二）录井现场管理

（1）标准规范：认真执行井控安全的有关标准、规范和要求，建立和完善井控管理规章制度。

（2）证件：员工必须持有效证件（上岗证、井控证、HSE 证）上岗。

（3）应急演练：组织录井人员参加钻井队防喷、防硫等方面的应急演练，或自行组织部分功能演练，确保井控安全。

（4）录井队长值班：在下套管、钻开油气层、取心、完钻层位等关键层位的卡层期间，录井队长或大班应值班，电测、固井、堵漏、中测、压裂酸化等特殊施工作业录井队长必须在现场值班。

（5）参加会议：录井队必须参加钻井队的生产会、井控例会。

（6）技术交底：录井队长、大班应针对各工况及时技术交底，对各班进行重点提示。

（7）岗位检查：录井队长要对小班岗位工作随时进行检查，对查出的问题要及时督促进行整改，确保录井设备齐全完好，资料齐全准确。

# 附录一  泵车排量和压力表

## 1. AC-700 型压裂车排量和压力表

| 变速级数 | 柱塞冲次/min | 柱塞直径,mm | | | | | |
|---|---|---|---|---|---|---|---|
| | | 90 | | 100 | | 115 | |
| | | 排量 L/min | 压力 MPa | 排量 m³/min | 压力 MPa | 排量 m³/min | 压力 MPa |
| 1 | 33 | | | 0.158 | 70 | 0.208 | 55 |
| 2 | 46 | | | 0.217 | 52 | 0.282 | 40 |
| 3 | 60 | | | 0.284 | 40 | 0.375 | 36 |
| 4 | 63 | | | 0.391 | 36 | 0.398 | 22 |
| 5 | 88 | | | 0.416 | 27 | 0.550 | 20 |
| 6 | 116 | | | 0.547 | 21 | 0.723 | 15 |
| 7 | 159 | | | 0.749 | 15 | 0.990 | 11 |
| 8 | 208 | | | 0.980 | 12 | 1.297 | 9 |

## 2. 常用压裂车最高压力和最高排量表

| 压裂车型号 | YLC-500 | AH-500 | ACF-700 | SYC-700 | YLC-850 | YLC-1200 | YLC-1000B |
|---|---|---|---|---|---|---|---|
| 柱塞直径 mm | 100 | 100 | 90 100 115 | 75 90 | 75 100 | 75 100 | 85 100 125 |
| 柱塞冲程 mm | 200 | 200 | 200 | 120 | 160 | 160 | 200 |
| 最高冲次 次/min | 202.3 | 192.5 | 208 | 468 | 450 | 411 | 270 |
| 最大排量 m³/min | 0.925 | 0.896 | 1.30 | 1.03 | 1.44 | 1.32 | 1.8 |
| 最高压力 MPa | 50 | 50 | 70 | 72.2 | 85 | 120 | 110 |

### 3. SNC-400 I 型水泥车排量和压力表

| 柱塞排挡数 | 柱塞冲次/min | 柱塞直径,mm | | | | | |
|---|---|---|---|---|---|---|---|
| | | 90 | | 100 | | 115 | |
| | | 排量 L/min | 压力 MPa | 排量 L/min | 压力 MPa | 排量 L/min | 压力 MPa |
| I | 64 | 215 | 40.0 | 265 | 26.5 | 351 | 24.5 |
| II | 115 | 390 | 22.0 | 400 | 17.9 | 636 | 13.5 |
| III | 188 | 631 | 13.6 | 779 | 11.0 | 1030 | 8.3 |

# 附录二　常用压井液配制表

## 1. 常用压井液相对密度表

| 压井液 | 原油 | 清水 | 碱水（烧碱50%） | 盐水 | | 地层水 | 油基压井液 | 水基压井液 |
| --- | --- | --- | --- | --- | --- | --- | --- | --- |
| | | | | 普通盐水 | 加氯化钠 | | | |
| 相对密度 | 0.76~0.98 | 1 | 1 | 1~1.18 | 1~1.26 | 1~1.03 | 0.8~1.8 | 1.05~2 |

## 2. 配制 1m³ 压井液所需黏土和水的用量表（黏土，t；水，m³）

| 黏土相对密度 | | | 2.10 | 2.20 | 2.30 | 2.40 | 2.50 | 2.60 | 2.70 |
| --- | --- | --- | --- | --- | --- | --- | --- | --- | --- |
| 压井液相对密度 | 1.14 | 黏土水 | 0.267 0.873 | 0.257 0.883 | 0.248 0.892 | 0.240 0.900 | 0.233 0.907 | 0.229 0.912 | 0.222 0.920 |
| | 1.16 | 黏土水 | 0.305 0.855 | 0.293 0.867 | 0.283 0.877 | 0.274 0.886 | 0.267 0.893 | 0.260 0.900 | 0.254 0.906 |
| | 1.18 | 黏土水 | 0.344 0.836 | 0.330 0.850 | 0.317 0.862 | 0.310 0.871 | 0.300 0.880 | 0.291 0.888 | 0.286 0.894 |
| | 1.20 | 黏土水 | 0.382 0.818 | 0.367 0.833 | 0.354 0.846 | 0.343 0.857 | 0.333 0.867 | 0.325 0.875 | 0.319 0.882 |
| | 1.22 | 黏土水 | 0.420 0.800 | 0.403 0.817 | 0.389 0.831 | 0.377 0.843 | 0.367 0.853 | 0.356 0.863 | 0.348 0.871 |
| | 1.24 | 黏土水 | 0.458 0.782 | 0.440 0.800 | 0.426 0.815 | 0.410 0.829 | 0.400 0.840 | 0.390 0.850 | 0.381 0.859 |
| | 1.26 | 黏土水 | 0.496 0.764 | 0.477 0.783 | 0.460 0.800 | 0.446 0.814 | 0.433 0.827 | 0.421 0.838 | 0.413 0.847 |
| | 1.28 | 黏土水 | 0.536 0.745 | 0.513 0.767 | 0.495 0.785 | 0.480 0.800 | 0.467 0.813 | 0.455 0.825 | 0.446 0.835 |
| | 1.30 | 黏土水 | 0.573 0.727 | 0.550 0.750 | 0.531 0.769 | 0.514 0.786 | 0.500 0.800 | 0.486 0.813 | 0.475 0.824 |

## 3. 加重钻井液所需加重材料对照表

加重钻井液换算，单位：t/m³（加重材料为石灰石，相对密度为2.42）

| 原密度 | 1.05 | 1.06 | 1.07 | 1.08 | 1.09 | 1.10 | 1.11 | 1.12 | 1.13 | 1.14 | 1.15 | 1.16 | 1.17 | 1.18 | 1.19 | 1.20 |
|---|---|---|---|---|---|---|---|---|---|---|---|---|---|---|---|---|
| 1.07 | 0.04 | 0.02 | | | | | | | | | | | | | | |
| 1.08 | 0.05 | 0.04 | 0.02 | | | | | | | | | | | | | |
| 1.09 | 0.07 | 0.05 | 0.04 | 0.02 | | | | | | | | | | | | |
| 1.10 | 0.09 | 0.07 | 0.06 | 0.04 | 0.02 | | | | | | | | | | | |
| 1.11 | 0.11 | 0.09 | 0.07 | 0.06 | 0.04 | 0.02 | | | | | | | | | | |
| 1.12 | 0.13 | 0.11 | 0.09 | 0.07 | 0.06 | 0.04 | 0.02 | | | | | | | | | |
| 1.13 | 0.15 | 0.13 | 0.11 | 0.09 | 0.08 | 0.06 | 0.04 | 0.02 | | | | | | | | |
| 1.14 | 0.17 | 0.15 | 0.13 | 0.11 | 0.09 | 0.08 | 0.06 | 0.04 | 0.02 | | | | | | | |
| 1.15 | 0.19 | 0.17 | 0.15 | 0.13 | 0.11 | 0.10 | 0.08 | 0.06 | 0.04 | 0.02 | | | | | | |
| 1.16 | 0.21 | 0.19 | 0.17 | 0.15 | 0.13 | 0.12 | 0.10 | 0.08 | 0.06 | 0.04 | 0.02 | | | | | |
| 1.17 | 0.23 | 0.21 | 0.19 | 0.17 | 0.15 | 0.14 | 0.12 | 0.10 | 0.08 | 0.06 | 0.04 | 0.02 | | | | |
| 1.18 | 0.25 | 0.23 | 0.21 | 0.20 | 0.18 | 0.16 | 0.14 | 0.12 | 0.10 | 0.08 | 0.06 | 0.04 | 0.02 | | | |
| 1.19 | 0.28 | 0.26 | 0.24 | 0.22 | 0.20 | 0.18 | 0.16 | 0.14 | 0.12 | 0.10 | 0.08 | 0.06 | 0.04 | 0.02 | | |
| 1.20 | 0.30 | 0.28 | 0.26 | 0.24 | 0.22 | 0.20 | 0.18 | 0.16 | 0.14 | 0.12 | 0.10 | 0.08 | 0.06 | 0.04 | 0.02 | |
| 1.21 | 0.32 | 0.30 | 0.28 | 0.26 | 0.24 | 0.22 | 0.20 | 0.18 | 0.16 | 0.14 | 0.12 | 0.10 | 0.08 | 0.06 | 0.04 | 0.02 |
| 1.22 | 0.34 | 0.32 | 0.30 | 0.28 | 0.26 | 0.24 | 0.22 | 0.20 | 0.18 | 0.16 | 0.14 | 0.12 | 0.10 | 0.08 | 0.06 | 0.04 |

加重至密度

加重钻井液换算，单位：t/m³（加重材料为石灰石，相对密度为2.42）

| 原密度 | 1.05 | 1.06 | 1.07 | 1.08 | 1.09 | 1.10 | 1.11 | 1.12 | 1.13 | 1.14 | 1.15 | 1.16 | 1.17 | 1.18 | 1.19 | 1.20 |
|---|---|---|---|---|---|---|---|---|---|---|---|---|---|---|---|---|
| 1.23 | 0.37 | 0.35 | 0.33 | 0.31 | 0.28 | 0.26 | 0.24 | 0.22 | 0.20 | 0.18 | 0.16 | 0.14 | 0.12 | 0.10 | 0.08 | 0.06 |
| 1.24 | 0.39 | 0.37 | 0.35 | 0.33 | 0.31 | 0.29 | 0.27 | 0.25 | 0.23 | 0.21 | 0.18 | 0.16 | 0.14 | 0.12 | 0.10 | 0.08 |
| 1.25 | 0.41 | 0.39 | 0.37 | 0.35 | 0.33 | 0.31 | 0.29 | 0.27 | 0.25 | 0.23 | 0.21 | 0.19 | 0.17 | 0.14 | 0.12 | 0.10 |
| 1.26 | 0.44 | 0.42 | 0.40 | 0.38 | 0.35 | 0.33 | 0.31 | 0.29 | 0.27 | 0.25 | 0.23 | 0.21 | 0.19 | 0.17 | 0.15 | 0.13 |
| 1.27 | 0.46 | 0.44 | 0.42 | 0.40 | 0.38 | 0.36 | 0.34 | 0.32 | 0.29 | 0.27 | 0.25 | 0.23 | 0.21 | 0.19 | 0.17 | 0.15 |
| 1.28 | 0.49 | 0.47 | 0.45 | 0.42 | 0.40 | 0.38 | 0.36 | 0.34 | 0.32 | 0.30 | 0.28 | 0.25 | 0.23 | 0.21 | 0.19 | 0.17 |
| 1.29 | 0.51 | 0.49 | 0.47 | 0.45 | 0.43 | 0.41 | 0.39 | 0.36 | 0.34 | 0.32 | 0.30 | 0.28 | 0.26 | 0.24 | 0.21 | 0.19 |
| 1.30 | 0.54 | 0.52 | 0.50 | 0.48 | 0.45 | 0.43 | 0.41 | 0.39 | 0.37 | 0.35 | 0.32 | 0.30 | 0.28 | 0.26 | 0.24 | 0.22 |
| 1.31 | 0.57 | 0.55 | 0.52 | 0.50 | 0.48 | 0.46 | 0.44 | 0.41 | 0.39 | 0.37 | 0.35 | 0.33 | 0.31 | 0.28 | 0.26 | 0.24 |
| 1.32 | 0.59 | 0.57 | 0.55 | 0.53 | 0.51 | 0.48 | 0.46 | 0.44 | 0.42 | 0.40 | 0.37 | 0.35 | 0.33 | 0.31 | 0.29 | 0.26 |
| 1.33 | 0.62 | 0.60 | 0.58 | 0.56 | 0.53 | 0.51 | 0.49 | 0.47 | 0.44 | 0.42 | 0.40 | 0.38 | 0.36 | 0.33 | 0.31 | 0.29 |
| 1.34 | 0.65 | 0.63 | 0.61 | 0.58 | 0.56 | 0.54 | 0.52 | 0.49 | 0.47 | 0.45 | 0.43 | 0.40 | 0.38 | 0.36 | 0.34 | 0.31 |
| 1.35 | 0.68 | 0.66 | 0.63 | 0.61 | 0.59 | 0.57 | 0.54 | 0.52 | 0.50 | 0.47 | 0.45 | 0.43 | 0.41 | 0.38 | 0.36 | 0.34 |
| 1.36 | 0.71 | 0.68 | 0.66 | 0.64 | 0.62 | 0.59 | 0.57 | 0.55 | 0.53 | 0.50 | 0.48 | 0.46 | 0.43 | 0.41 | 0.39 | 0.37 |
| 1.37 | 0.74 | 0.71 | 0.69 | 0.67 | 0.65 | 0.62 | 0.60 | 0.58 | 0.55 | 0.53 | 0.51 | 0.48 | 0.46 | 0.44 | 0.41 | 0.39 |
| 1.38 | 0.77 | 0.74 | 0.72 | 0.70 | 0.67 | 0.65 | 0.63 | 0.60 | 0.58 | 0.56 | 0.54 | 0.51 | 0.49 | 0.47 | 0.44 | 0.42 |
| 1.39 | 0.80 | 0.78 | 0.75 | 0.73 | 0.70 | 0.68 | 0.66 | 0.63 | 0.61 | 0.59 | 0.56 | 0.54 | 0.52 | 0.49 | 0.47 | 0.45 |
| 1.40 | 0.83 | 0.81 | 0.78 | 0.76 | 0.74 | 0.71 | 0.69 | 0.66 | 0.64 | 0.62 | 0.59 | 0.57 | 0.55 | 0.52 | 0.50 | 0.47 |

加 重 至 密 度

# 4. 加重钻井液所需加重材料对照表

加重钻井液换算，单位：t/m³（加重材料为重晶石，相对密度为4.2）

| 原密度 | \ 加重至密度 1.05 | 1.06 | 1.07 | 1.08 | 1.09 | 1.10 | 1.11 | 1.12 | 1.13 | 1.14 | 1.15 | 1.16 | 1.17 | 1.18 | 1.19 | 1.20 |
|---|---|---|---|---|---|---|---|---|---|---|---|---|---|---|---|---|
| 1.07 | 0.03 | 0.01 | | | | | | | | | | | | | | |
| 1.08 | 0.04 | 0.03 | 0.01 | | | | | | | | | | | | | |
| 1.09 | 0.05 | 0.04 | 0.03 | 0.01 | | | | | | | | | | | | |
| 1.10 | 0.07 | 0.05 | 0.04 | 0.03 | 0.01 | | | | | | | | | | | |
| 1.11 | 0.08 | 0.07 | 0.05 | 0.04 | 0.03 | 0.01 | | | | | | | | | | |
| 1.12 | 0.10 | 0.08 | 0.07 | 0.05 | 0.04 | 0.03 | 0.01 | | | | | | | | | |
| 1.13 | 0.11 | 0.10 | 0.08 | 0.07 | 0.05 | 0.04 | 0.03 | 0.01 | | | | | | | | |
| 1.14 | 0.12 | 0.11 | 0.10 | 0.08 | 0.07 | 0.05 | 0.04 | 0.03 | 0.01 | | | | | | | |
| 1.15 | 0.14 | 0.12 | 0.11 | 0.10 | 0.08 | 0.07 | 0.06 | 0.04 | 0.03 | 0.01 | | | | | | |
| 1.16 | 0.15 | 0.14 | 0.12 | 0.11 | 0.10 | 0.08 | 0.07 | 0.06 | 0.04 | 0.03 | 0.01 | | | | | |
| 1.17 | 0.17 | 0.15 | 0.14 | 0.12 | 0.11 | 0.10 | 0.08 | 0.07 | 0.06 | 0.04 | 0.03 | 0.01 | | | | |
| 1.18 | 0.18 | 0.17 | 0.15 | 0.14 | 0.13 | 0.11 | 0.10 | 0.08 | 0.07 | 0.06 | 0.04 | 0.03 | 0.01 | | | |
| 1.19 | 0.20 | 0.18 | 0.17 | 0.15 | 0.14 | 0.13 | 0.11 | 0.10 | 0.08 | 0.07 | 0.06 | 0.04 | 0.03 | 0.01 | | |
| 1.20 | 0.21 | 0.20 | 0.18 | 0.17 | 0.15 | 0.14 | 0.13 | 0.11 | 0.10 | 0.08 | 0.07 | 0.06 | 0.04 | 0.03 | 0.01 | |
| 1.21 | 0.22 | 0.21 | 0.20 | 0.18 | 0.17 | 0.15 | 0.14 | 0.13 | 0.11 | 0.10 | 0.08 | 0.07 | 0.06 | 0.04 | 0.03 | 0.01 |
| 1.22 | 0.24 | 0.23 | 0.21 | 0.20 | 0.18 | 0.17 | 0.16 | 0.14 | 0.13 | 0.11 | 0.10 | 0.08 | 0.07 | 0.06 | 0.04 | 0.03 |

续表

加重钻井液换算，单位：t/m³（加重材料为重晶石，相对密度为4.2）

| 原密度 | 1.05 | 1.06 | 1.07 | 1.08 | 1.09 | 1.10 | 1.11 | 1.12 | 1.13 | 1.14 | 1.15 | 1.16 | 1.17 | 1.18 | 1.19 | 1.20 |
|---|---|---|---|---|---|---|---|---|---|---|---|---|---|---|---|---|
| 1.23 | 0.25 | 0.24 | 0.23 | 0.21 | 0.20 | 0.18 | 0.17 | 0.16 | 0.14 | 0.13 | 0.11 | 0.10 | 0.08 | 0.07 | 0.06 | 0.04 |
| 1.24 | 0.27 | 0.26 | 0.24 | 0.23 | 0.21 | 0.20 | 0.18 | 0.17 | 0.16 | 0.14 | 0.13 | 0.11 | 0.10 | 0.09 | 0.07 | 0.06 |
| 1.25 | 0.28 | 0.27 | 0.26 | 0.24 | 0.23 | 0.21 | 0.20 | 0.19 | 0.17 | 0.16 | 0.14 | 0.13 | 0.11 | 0.10 | 0.09 | 0.07 |
| 1.26 | 0.30 | 0.29 | 0.27 | 0.26 | 0.24 | 0.23 | 0.21 | 0.20 | 0.19 | 0.17 | 0.16 | 0.14 | 0.13 | 0.11 | 0.10 | 0.09 |
| 1.27 | 0.32 | 0.30 | 0.29 | 0.27 | 0.26 | 0.24 | 0.23 | 0.22 | 0.20 | 0.19 | 0.17 | 0.16 | 0.14 | 0.13 | 0.11 | 0.10 |
| 1.28 | 0.33 | 0.32 | 0.30 | 0.29 | 0.27 | 0.26 | 0.24 | 0.23 | 0.22 | 0.20 | 0.19 | 0.17 | 0.16 | 0.14 | 0.13 | 0.12 |
| 1.29 | 0.35 | 0.33 | 0.32 | 0.30 | 0.29 | 0.27 | 0.26 | 0.25 | 0.23 | 0.22 | 0.20 | 0.19 | 0.17 | 0.16 | 0.14 | 0.13 |
| 1.30 | 0.36 | 0.35 | 0.33 | 0.32 | 0.30 | 0.29 | 0.28 | 0.26 | 0.25 | 0.23 | 0.22 | 0.20 | 0.19 | 0.17 | 0.16 | 0.14 |
| 1.31 | 0.38 | 0.36 | 0.35 | 0.33 | 0.32 | 0.31 | 0.29 | 0.28 | 0.26 | 0.25 | 0.23 | 0.22 | 0.20 | 0.19 | 0.17 | 0.16 |
| 1.32 | 0.39 | 0.38 | 0.36 | 0.35 | 0.34 | 0.32 | 0.31 | 0.29 | 0.28 | 0.26 | 0.25 | 0.23 | 0.22 | 0.20 | 0.19 | 0.18 |
| 1.33 | 0.41 | 0.40 | 0.38 | 0.37 | 0.35 | 0.34 | 0.32 | 0.31 | 0.29 | 0.28 | 0.26 | 0.25 | 0.23 | 0.22 | 0.20 | 0.19 |
| 1.34 | 0.43 | 0.41 | 0.40 | 0.38 | 0.37 | 0.35 | 0.34 | 0.32 | 0.31 | 0.29 | 0.28 | 0.26 | 0.25 | 0.23 | 0.22 | 0.21 |
| 1.35 | 0.44 | 0.43 | 0.41 | 0.40 | 0.38 | 0.37 | 0.35 | 0.34 | 0.32 | 0.31 | 0.29 | 0.28 | 0.27 | 0.25 | 0.24 | 0.22 |
| 1.36 | 0.46 | 0.44 | 0.43 | 0.41 | 0.40 | 0.38 | 0.37 | 0.35 | 0.34 | 0.33 | 0.31 | 0.30 | 0.28 | 0.27 | 0.25 | 0.24 |
| 1.37 | 0.47 | 0.46 | 0.45 | 0.43 | 0.42 | 0.40 | 0.39 | 0.37 | 0.36 | 0.34 | 0.33 | 0.31 | 0.30 | 0.28 | 0.27 | 0.25 |
| 1.38 | 0.49 | 0.48 | 0.46 | 0.45 | 0.43 | 0.42 | 0.40 | 0.39 | 0.37 | 0.36 | 0.34 | 0.33 | 0.31 | 0.30 | 0.28 | 0.27 |
| 1.39 | 0.51 | 0.49 | 0.48 | 0.46 | 0.45 | 0.43 | 0.42 | 0.40 | 0.39 | 0.37 | 0.36 | 0.34 | 0.33 | 0.31 | 0.30 | 0.28 |
| 1.40 | 0.53 | 0.51 | 0.50 | 0.48 | 0.47 | 0.45 | 0.44 | 0.42 | 0.41 | 0.39 | 0.38 | 0.36 | 0.35 | 0.33 | 0.32 | 0.30 |

加重至密度

# 附录三 H₂S、CO 气体浓度单位换算对照表

| H₂S | | | | | | CO | | | | | |
|---|---|---|---|---|---|---|---|---|---|---|---|
| mg/m³ | ppm | mg/m³ | ppm | mg/m³ | ppm | mg/m³ | ppm | mg/m³ | ppm | mg/m³ | ppm |
| 1 | 0.7 | 68 | 44.8 | 135 | 88.9 | 1 | 0.8 | 68 | 54.4 | 135 | 108.0 |
| 2 | 1.3 | 69 | 45.5 | 136 | 89.6 | 2 | 1.6 | 69 | 55.2 | 136 | 108.8 |
| 3 | 2.0 | 70 | 46.1 | 137 | 90.3 | 3 | 2.4 | 70 | 56.0 | 137 | 109.6 |
| 4 | 2.6 | 71 | 46.8 | 138 | 90.9 | 4 | 3.2 | 71 | 56.8 | 138 | 110.4 |
| 5 | 3.3 | 72 | 47.4 | 139 | 91.6 | 5 | 4.0 | 72 | 57.6 | 139 | 111.2 |
| 6 | 4.0 | 73 | 48.1 | 140 | 92.2 | 6 | 4.8 | 73 | 58.4 | 140 | 112.0 |
| 7 | 4.6 | 74 | 48.8 | 141 | 92.9 | 7 | 5.6 | 74 | 59.2 | 141 | 112.8 |
| 8 | 5.3 | 75 | 49.4 | 142 | 93.6 | 8 | 6.4 | 75 | 60.0 | 142 | 113.6 |
| 9 | 5.9 | 76 | 50.1 | 143 | 94.2 | 9 | 7.2 | 76 | 60.8 | 143 | 114.4 |
| 10 | 6.6 | 77 | 50.7 | 144 | 94.9 | 10 | 8.0 | 77 | 61.6 | 144 | 115.2 |
| 11 | 7.2 | 78 | 51.4 | 145 | 95.5 | 11 | 8.8 | 78 | 62.4 | 145 | 116.0 |
| 12 | 7.9 | 79 | 52.0 | 146 | 96.2 | 12 | 9.6 | 79 | 63.2 | 146 | 116.8 |
| 13 | 8.6 | 80 | 52.7 | 147 | 96.8 | 13 | 10.4 | 80 | 64.0 | 147 | 117.6 |
| 14 | 9.2 | 81 | 53.4 | 148 | 97.5 | 14 | 11.2 | 81 | 64.8 | 148 | 118.4 |
| 15 | 9.9 | 82 | 54.0 | 149 | 98.2 | 15 | 12.0 | 82 | 65.6 | 149 | 119.2 |
| 16 | 10.5 | 83 | 54.7 | 150 | 98.8 | 16 | 12.8 | 83 | 66.4 | 150 | 120.0 |
| 17 | 11.2 | 84 | 55.3 | 151 | 99.5 | 17 | 13.6 | 84 | 67.2 | 151 | 120.8 |
| 18 | 11.9 | 85 | 56.0 | 152 | 100.1 | 18 | 14.4 | 85 | 68.0 | 152 | 121.6 |

续表

| H₂S | | | | | | CO | | | | | |
|---|---|---|---|---|---|---|---|---|---|---|---|
| mg/m³ | ppm | mg/m³ | ppm | mg/m³ | ppm | mg/m³ | ppm | mg/m³ | ppm | mg/m³ | ppm |
| 19 | 12.5 | 86 | 56.7 | 153 | 100.8 | 19 | 15.2 | 86 | 68.8 | 153 | 122.4 |
| 20 | 13.2 | 87 | 57.3 | 154 | 101.5 | 20 | 16.0 | 87 | 69.6 | 154 | 123.2 |
| 21 | 13.8 | 88 | 58.0 | 155 | 102.1 | 21 | 16.8 | 88 | 70.4 | 155 | 124.0 |
| 22 | 14.5 | 89 | 58.6 | 156 | 102.8 | 22 | 17.6 | 89 | 71.2 | 156 | 124.8 |
| 23 | 15.2 | 90 | 59.3 | 157 | 103.4 | 23 | 18.4 | 90 | 72.0 | 157 | 125.6 |
| 24 | 15.8 | 91 | 60.0 | 158 | 104.1 | 24 | 19.2 | 91 | 72.8 | 158 | 126.4 |
| 25 | 16.5 | 92 | 60.6 | 159 | 104.8 | 25 | 20.0 | 92 | 73.6 | 159 | 127.2 |
| 26 | 17.1 | 93 | 61.3 | 160 | 105.4 | 26 | 20.8 | 93 | 74.4 | 160 | 128.0 |
| 27 | 17.8 | 94 | 61.9 | 161 | 106.1 | 27 | 21.6 | 94 | 75.2 | 161 | 128.8 |
| 28 | 18.4 | 95 | 62.6 | 162 | 106.7 | 28 | 22.4 | 95 | 76.0 | 162 | 129.6 |
| 29 | 19.1 | 96 | 63.2 | 163 | 107.4 | 29 | 23.2 | 96 | 76.8 | 163 | 130.4 |
| 30 | 19.8 | 97 | 63.9 | 164 | 108.0 | 30 | 24.0 | 97 | 77.6 | 164 | 131.2 |
| 31 | 20.4 | 98 | 64.6 | 165 | 108.7 | 31 | 24.8 | 98 | 78.4 | 165 | 132.0 |
| 32 | 21.1 | 99 | 65.2 | 166 | 109.4 | 32 | 25.6 | 99 | 79.2 | 166 | 132.8 |
| 33 | 21.7 | 100 | 65.9 | 167 | 110.0 | 33 | 26.4 | 100 | 80.0 | 167 | 133.6 |
| 34 | 22.4 | 101 | 66.5 | 168 | 110.7 | 34 | 27.2 | 101 | 80.8 | 168 | 134.4 |
| 35 | 23.1 | 102 | 67.2 | 169 | 111.3 | 35 | 28.0 | 102 | 81.6 | 169 | 135.2 |
| 36 | 23.7 | 103 | 67.9 | 170 | 112.0 | 36 | 28.8 | 103 | 82.4 | 170 | 136.0 |
| 37 | 24.4 | 104 | 68.5 | 171 | 112.7 | 37 | 29.6 | 104 | 83.2 | 171 | 136.8 |
| 38 | 25.0 | 105 | 69.2 | 172 | 113.3 | 38 | 30.4 | 105 | 84.0 | 172 | 137.6 |
| 39 | 25.7 | 106 | 69.8 | 173 | 114.0 | 39 | 31.2 | 106 | 84.8 | 173 | 138.4 |
| 40 | 26.4 | 107 | 70.5 | 174 | 114.6 | 40 | 32.0 | 107 | 85.6 | 174 | 139.2 |
| 41 | 27.0 | 108 | 71.2 | 175 | 115.3 | 41 | 32.8 | 108 | 86.4 | 175 | 140.0 |

续表

| H₂S | | | | | | CO | | | | | |
|---|---|---|---|---|---|---|---|---|---|---|---|
| mg/m³ | ppm | mg/m³ | ppm | mg/m³ | ppm | mg/m³ | ppm | mg/m³ | ppm | mg/m³ | ppm |
| 42 | 27.7 | 109 | 71.8 | 176 | 116.0 | 42 | 33.6 | 109 | 87.2 | 176 | 140.8 |
| 43 | 28.3 | 110 | 72.5 | 177 | 116.6 | 43 | 34.4 | 110 | 88.0 | 177 | 141.6 |
| 44 | 29.0 | 111 | 73.1 | 178 | 117.3 | 44 | 35.2 | 111 | 88.8 | 178 | 142.4 |
| 45 | 29.6 | 112 | 73.8 | 179 | 117.9 | 45 | 36.0 | 112 | 89.6 | 179 | 143.2 |
| 46 | 30.3 | 113 | 74.4 | 180 | 118.6 | 46 | 36.8 | 113 | 90.4 | 180 | 144.0 |
| 47 | 31.0 | 114 | 75.1 | 181 | 119.2 | 47 | 37.6 | 114 | 91.2 | 181 | 144.8 |
| 48 | 31.6 | 115 | 75.8 | 182 | 119.9 | 48 | 38.4 | 115 | 92.0 | 182 | 145.6 |
| 49 | 32.3 | 116 | 76.4 | 183 | 120.6 | 49 | 39.2 | 116 | 92.8 | 183 | 146.4 |
| 50 | 32.9 | 117 | 77.1 | 184 | 121.2 | 50 | 40.0 | 117 | 93.6 | 184 | 147.2 |
| 51 | 33.6 | 118 | 77.7 | 185 | 121.9 | 51 | 40.8 | 118 | 94.4 | 185 | 148.0 |
| 52 | 34.3 | 119 | 78.4 | 186 | 122.5 | 52 | 41.6 | 119 | 95.2 | 186 | 148.8 |
| 53 | 34.9 | 120 | 79.1 | 187 | 123.2 | 53 | 42.4 | 120 | 96.0 | 187 | 149.6 |
| 54 | 35.6 | 121 | 79.7 | 188 | 123.9 | 54 | 43.2 | 121 | 96.8 | 188 | 150.4 |
| 55 | 36.2 | 122 | 80.4 | 189 | 124.5 | 55 | 44.0 | 122 | 97.6 | 189 | 151.2 |
| 56 | 36.9 | 123 | 81.0 | 190 | 125.2 | 56 | 44.8 | 123 | 98.4 | 190 | 152.0 |
| 57 | 37.6 | 124 | 81.7 | 191 | 125.8 | 57 | 45.6 | 124 | 99.2 | 191 | 152.8 |
| 58 | 38.2 | 125 | 82.4 | 192 | 126.5 | 58 | 46.4 | 125 | 100.0 | 192 | 153.6 |
| 59 | 38.9 | 126 | 83.0 | 193 | 127.2 | 59 | 47.2 | 126 | 100.8 | 193 | 154.4 |
| 60 | 39.5 | 127 | 83.7 | 194 | 127.8 | 60 | 48.0 | 127 | 101.6 | 194 | 155.2 |
| 61 | 40.2 | 128 | 84.3 | 195 | 128.5 | 61 | 48.8 | 128 | 102.4 | 195 | 156.0 |
| 62 | 40.8 | 129 | 85.0 | 196 | 129.1 | 62 | 49.6 | 129 | 103.2 | 196 | 156.8 |
| 63 | 41.5 | 130 | 85.6 | 197 | 129.8 | 63 | 50.4 | 130 | 104.0 | 197 | 157.6 |
| 64 | 42.2 | 131 | 86.3 | 198 | 130.4 | 64 | 51.2 | 131 | 104.8 | 198 | 158.4 |

| H₂S | | | | | | CO | | | | | |
|---|---|---|---|---|---|---|---|---|---|---|---|
| mg/m³ | ppm | mg/m³ | ppm | mg/m³ | ppm | mg/m³ | ppm | mg/m³ | ppm | mg/m³ | ppm |
| 65 | 42.8 | 132 | 87.0 | 199 | 131.1 | 65 | 52.0 | 132 | 105.6 | 199 | 159.2 |
| 66 | 43.5 | 133 | 87.6 | 200 | 131.8 | 66 | 52.8 | 133 | 106.4 | 200 | 160.0 |
| 67 | 44.1 | 134 | 88.3 | 201 | 132.4 | 67 | 53.6 | 134 | 107.2 | 201 | 160.8 |

注：气体浓度换算公式：1（mg/cm³）= 22.4/气体分子量（ppm）。

# 附录四　油管、套管容积表

## 1. 油管容积表

| 规格<br>in | 外径<br>mm | 线密度,kg/m | | 内径<br>mm | 单位长度容积<br>m³/km | 单位容积长度<br>m/m³ |
|---|---|---|---|---|---|---|
| | | 平式 | 外加厚 | | | |
| 2.000 | 50.80 | 5.060 | | 42.42 | 1.413 | 707.7 |
| 2.063 | 52.40 | | 4.837 | 44.48 | 1.554 | 643.5 |
| 2.357 | 60.3 | 5.953<br>6.846<br><br>8.631 | 6.994<br>7.887<br><br>9.227<br>11.459 | 51.84<br>50.67<br>49.25<br>47.42<br>47.07<br>43.26 | 2.111<br>2.019<br>1.905<br>1.766<br>1.740<br>1.469 | 473.7<br>495.3<br>524.9<br>566.3<br>574.7<br>680.7 |
| 2.875 | 73.0 | 9.524<br><br>12.798 | 9.673<br>11.756<br>12.947<br>14.138<br>15.923<br>16.370<br>17.337 | 62.00<br>59.00<br>57.38<br>55.75<br>53.11<br>52.46<br>50.67 | 3.021<br>2.735<br>2.586<br>2.441<br>2.215<br>2.161<br>2.019 | 331.0<br>365.6<br>386.7<br>409.7<br>451.5<br>462.7<br>495.3 |
| 3.50 | 88.9 | 11.459<br>13.691<br>15.179<br><br>18.900 | 13.840<br>15.328<br>19.048<br>19.271<br>23.513<br>24.852 | 77.93<br>76.00<br>74.22<br>70.21<br>69.85<br>64.72<br>62.99 | 4.769<br>4.540<br>4.330<br>3.871<br>3.831<br>3.290<br>3.116 | 209.7<br>220.3<br>230.9<br>258.3<br>261.0<br>304.0<br>320.9 |
| 4.00 | 101.6 | 14.138 | 16.370<br>17.263<br>19.941 | 90.12<br>88.29<br>87.07<br>84.84 | 6.381<br>6.129<br>5.953<br>5.652 | 156.7<br>163.2<br>168.0<br>176.9 |

## 2. 每米套管容积

| 规格<br>in | 外径<br>mm | 壁厚<br>mm | 内径<br>mm | 每米套管容积,10⁻⁶m³ | | |
|---|---|---|---|---|---|---|
| | | | | 外容积 | 内容积 | 对 φ73mm<br>油管环空容积 |
| 4.50 | 114.3 | 5.21 | 103.9 | 10.26 | 8.47 | 4.28 |
| | | 5.69 | 102.9 | | 8.32 | 4.13 |
| | | 6.35 | 101.6 | | 8.11 | 3.92 |
| | | 7.37 | 99.6 | | 7.79 | 3.60 |
| 5.00 | 127.0 | 5.59 | 115.8 | 12.67 | 10.53 | 6.34 |
| | | 6.43 | 114.1 | | 10.23 | 6.04 |
| | | 7.52 | 112.0 | | 9.85 | 5.66 |
| | | 9.19 | 108.6 | | 9.26 | 5.07 |
| 5.50 | 139.7 | 6.20 | 127.3 | 15.33 | 12.73 | 8.54 |
| | | 6.98 | 125.7 | | 12.41 | 8.22 |
| | | 7.72 | 124.3 | | 12.14 | 7.95 |
| | | 9.17 | 121.4 | | 11.58 | 7.39 |
| | | 10.54 | 118.6 | | 11.05 | 6.86 |
| 6.625 | 168.3 | 7.32 | 153.7 | 22.24 | 18.55 | 14.36 |
| | | 8.94 | 150.4 | | 17.76 | 13.57 |
| | | 10.59 | 147.1 | | 16.99 | 12.80 |
| | | 12.06 | 144.2 | | 16.33 | 12.14 |
| 7.00 | 177.8 | 5.87 | 166.1 | 24.82 | 21.66 | 17.47 |
| | | 6.91 | 164.0 | | 21.12 | 16.93 |
| | | 8.05 | 161.7 | | 20.53 | 16.34 |
| | | 9.19 | 159.4 | | 19.95 | 15.76 |
| | | 10.36 | 157.1 | | 19.37 | 15.18 |
| | | 11.51 | 154.8 | | 18.81 | 14.62 |
| | | 12.65 | 152.5 | | 18.26 | 14.07 |
| | | 13.72 | 150.4 | | 17.76 | 13.57 |
| 7.625 | 193.7 | 7.62 | 178.5 | 29.45 | 25.01 | 20.82 |
| | | 8.33 | 177.0 | | 24.59 | 20.40 |
| | | 9.52 | 174.7 | | 23.96 | 19.77 |
| | | 10.92 | 171.9 | | 23.10 | 18.91 |
| | | 12.70 | 168.3 | | 22.24 | 18.05 |

续表

| 规格<br>in | 外径<br>mm | 壁厚<br>mm | 内径<br>mm | 每米套管容积,$10^{-6}$m³ | | |
|---|---|---|---|---|---|---|
| | | | | 外容积 | 内容积 | 对$\phi$73mm<br>油管环空容积 |
| 9.625 | 244.5 | 7.92 | 228.7 | 46.93 | 41.06 | |
| | | 8.94 | 226.6 | | 40.31 | |
| | | 10.03 | 224.4 | | 39.53 | |
| | | 11.05 | 222.4 | | 38.83 | |
| | | 11.99 | 220.5 | | 38.17 | |
| | | 13.84 | 216.8 | | 36.90 | |

## 3. 套管容积

| 规格<br>in | 外径<br>mm | 线密度<br>kg/m | 内径<br>mm | 单位长度容积<br>m³/km | 单位容积长度<br>m/m³ |
|---|---|---|---|---|---|
| 5.00 | 127.0 | 17.112 | 115.2 | 10.538 | 94.89 |
| | | 19.344 | 114.1 | 10.235 | 97.70 |
| | | 22.320 | 111.9 | 9.847 | 101.6 |
| | | 26.784 | 108.6 | 9.266 | 107.9 |
| | | 30.206 | 106.2 | 8.871 | 112.7 |
| | | 31.248 | 105.5 | 8.745 | 114.4 |
| | | 34.521 | 102.7 | 8.288 | 120.7 |
| 5.50 | 139.7 | 18.940 | 128.5 | 12.969 | 77.10 |
| | | 19.344 | 128.1 | 12.893 | 77.56 |
| | | 20.832 | 127.3 | 12.730 | 78.55 |
| | | 22.320 | 126.3 | 12.538 | 79.8 |
| | | 23.046 | 125.7 | 12.417 | 80.5 |
| | | 25.296 | 124.2 | 12.128 | 82.5 |
| | | 29.760 | 121.3 | 11.569 | 86.4 |
| | | 34.224 | 118.6 | 11.052 | 90.5 |
| | | 38.688 | 115.5 | 10.482 | 95.4 |

续表

| 规格 in | 外径 mm | 线密度 kg/m | 内径 mm | 单位长度容积 m³/km | 单位容积长度 m/m³ |
|---|---|---|---|---|---|
| | | 25.296 | 166.0 | | 46.2 |
| | | 29.760 | 163.9 | 21.663 | 47.3 |
| | | 32.736 | 162.5 | 21.123 | 48.2 |
| | | 34.224 | 161.6 | 20.475 | 48.7 |
| | | 35.712 | 160.9 | 20.538 | 49.2 |
| | | 38.688 | 159.4 | 20.345 | 50.1 |
| | | 41.644 | 157.8 | 19.961 | 51.1 |
| | | 43.152 | 157.0 | 19.569 | 51.6 |
| 7.00 | 177.8 | 44.640 | 156.3 | 19.380 | 52.1 |
| | | 47.616 | 154.7 | 19.193 | 53.1 |
| | | 50.145 | 153.6 | 18.820 | 53.9 |
| | | 50.592 | 153.4 | 18.537 | 54.1 |
| | | 52.080 | 152.5 | 18.488 | 54.7 |
| | | 52.526 | 152.4 | 18.269 | 54.8 |
| | | 56.543 | 150.3 | 18.244 | 56.3 |
| | | 59.520 | 148.2 | 17.761 | 57.9 |
| | | 61.008 | 147.8 | 17.166 | 58.3 |
| | | 65.472 | 145.2 | 16.581 | 60.3 |
| | | 27.760 | 180.9 | 25.728 | 38.9 |
| | | 35.712 | 178.4 | 25.010 | 40.0 |
| | | 39.283 | 177.0 | 24.613 | 40.6 |
| | | 44.193 | 174.6 | 23.945 | 41.7 |
| 7.625 | 193.6 | 50.145 | 171.0 | 23.193 | 43.1 |
| | | 53.568 | 170.3 | 22.784 | 43.9 |
| | | 56.543 | 169.0 | 22.445 | 44.6 |
| | | 58.032 | 168.2 | 22.243 | 45.0 |
| | | 67.406 | 163.4 | 20.986 | 47.7 |
| | | 71.424 | 322.9 | 81.934 | 12.2 |
| | | 81.096 | 320.4 | 80.651 | 12.4 |
| | | 90.768 | 317.8 | 79.377 | 12.6 |
| | | 101.184 | 315.3 | 78.114 | 12.8 |
| 13.375 | 339.7 | 107.136 | 313.6 | 77.260 | 12.9 |
| | | 114.576 | 311.7 | 76.362 | 13.1 |
| | | 123.504 | 309.2 | 75.123 | 13.3 |
| | | 126.480 | 308.8 | 74.925 | 13.3 |
| | | 136.896 | 305.5 | 73.356 | 13.6 |
| | | 145.824 | 303.1 | 72.214 | 13.8 |

## 4. 油管—套管环空容积表

### 1）油管外径 52.4mm（2.06in）

| 套管 | | 线密度 | | 单位长度容积 | 单位容积长度 |
|---|---|---|---|---|---|
| 规格，in | 外径，m | kg/m | lb/ft | m³/km | m/m³ |
| 5.00 | 127.0 | 17.114 | 11.501 | 8.380 | 119.3 |
| | | 19.346 | 13.001 | 8.077 | 123.8 |
| | | 22.322 | 15.000 | 7.689 | 130.1 |
| | | 26.787 | 18.001 | 7.108 | 140.7 |
| 5.50 | 139.7 | 18.940 | 12.728 | 10.815 | 92.5 |
| | | 20.843 | 14.000 | 10.572 | 94.6 |
| | | 23.067 | 15.501 | 10.259 | 97.5 |
| | | 25.299 | 17.001 | 9.970 | 100.3 |
| | | 29.763 | 20.001 | 9.411 | 106.3 |
| | | 34.228 | 23.001 | 8.894 | 112.4 |
| 7.00 | 177.8 | 25.299 | 17.001 | 19.502 | 51.3 |
| | | 29.763 | 20.001 | 18.962 | 52.7 |
| | | 34.228 | 23.001 | 18.378 | 54.4 |
| | | 38.692 | 26.001 | 17.801 | 56.2 |
| | | 43.157 | 29.002 | 17.220 | 58.1 |
| | | 47.621 | 32.001 | 16.661 | 60.0 |
| | | 52.086 | 35.002 | 16.109 | 62.1 |
| | | 56.550 | 38.002 | 15.601 | 64.1 |
| 7.625 | 193.7 | 35.716 | 24.001 | 22.869 | 43.8 |
| | | 39.228 | 26.361 | 22.452 | 44.5 |
| | | 44.198 | 29.201 | 21.793 | 45.9 |
| | | 50.151 | 33.701 | 21.032 | 47.5 |
| | | 58.038 | 39.002 | 20.083 | 49.8 |
| 9.625 | 244.5 | 48.068 | 32.302 | 34.844 | 28.7 |
| | | 53.574 | 36.002 | 341.118 | 29.3 |
| | | 59.527 | 40.002 | 33.344 | 30.0 |
| | | 64.735 | 43.502 | 32.631 | 30.6 |
| | | 69.944 | 47.002 | 31.977 | 31.3 |
| | | 79.617 | 53.503 | 30.704 | 32.6 |

2）油管外径 73.0mm（2⁷⁄₈in）

| 套管 | | | | 单位长度容积 | 单位容积长度 |
|---|---|---|---|---|---|
| 规格 | 外径,m | 线密度 | | $m^3/km$ | $m/m^3$ |
| | | kg/m | lb/ft | | |
| 5.00 | 127.0 | 17.114 | 11.501 | 6.348 | 157.5 |
| | | 19.346 | 13.001 | 6.045 | 165.4 |
| | | 22.322 | 15.000 | 5.657 | 176.8 |
| | | 26.787 | 18.001 | 5.076 | 197.0 |
| 5.50 | 139.7 | 18.940 | 12.728 | 8.781 | 113.9 |
| | | 20.843 | 14.000 | 8.540 | 117.1 |
| | | 23.067 | 15.501 | 8.227 | 121.5 |
| | | 25.299 | 17.001 | 7.938 | 126.0 |
| | | 29.763 | 20.001 | 7.379 | 135.5 |
| | | 34.228 | 23.001 | 6.862 | 145.7 |
| 7.00 | 177.8 | 25.299 | 17.001 | 17.471 | 57.2 |
| | | 29.763 | 20.001 | 16.931 | 59.1 |
| | | 34.228 | 23.001 | 16.346 | 61.2 |
| | | 38.692 | 26.001 | 15.770 | 63.4 |
| | | 43.157 | 29.002 | 15.189 | 65.8 |
| | | 47.621 | 32.001 | 14.629 | 68.4 |
| | | 52.086 | 35.002 | 14.077 | 71.0 |
| | | 56.550 | 38.002 | 13.570 | 73.7 |
| 7.625 | 193.7 | 35.716 | 24.001 | 20.818 | 48.0 |
| | | 39.228 | 26.361 | 20.420 | 49.0 |
| | | 44.198 | 29.201 | 19.761 | 50.6 |
| | | 50.151 | 33.701 | 19.001 | 52.6 |
| | | 58.038 | 39.002 | 18.051 | 55.4 |
| 9.625 | 244.5 | 48.068 | 32.302 | 36.863 | 27.1 |
| | | 53.574 | 36.002 | 36.137 | 27.7 |
| | | 59.527 | 40.002 | 35.363 | 28.3 |
| | | 64.735 | 43.502 | 34.650 | 28.9 |
| | | 69.944 | 47.002 | 33.996 | 29.4 |
| | | 79.617 | 53.503 | 32.723 | 30.6 |

3）油管外径 88.9mm（3.5in）

| 套管 | | | | 单位长度容积 | 单位容积长度 |
|---|---|---|---|---|---|
| 规格,in | 外径,m | 线密度 | | m³/km | m/m³ |
| | | kg/m | lb/ft | | |
| 5.500 | 139.7 | 18.940 | 12.728 | 6.762 | 147.9 |
| | | 20.843 | 14.000 | 6.521 | 153.3 |
| | | 23.067 | 15.501 | 6.208 | 161.1 |
| | | 25.299 | 17.001 | 5.919 | 168.9 |
| | | 29.763 | 20.001 | 5.360 | 186.6 |
| | | 34.228 | 23.001 | 4.843 | 206.5 |
| 7.000 | | 25.299 | 17.001 | 15.452 | 64.7 |
| | | 29.763 | 20.001 | 14.912 | 67.1 |
| | | 34.228 | 23.001 | 14.327 | 69.8 |
| | | 38.692 | 26.001 | 13.751 | 72.7 |
| | | 43.157 | 29.002 | 13.170 | 75.9 |
| | | 47.621 | 32.001 | 12.610 | 79.3 |
| | | 52.086 | 35.002 | 12.058 | 82.9 |
| | | 56.550 | 38.002 | 11.551 | 86.6 |
| 7.625 | | 35.716 | 24.001 | 18.799 | 53.2 |
| | | 39.228 | 26.361 | 18.402 | 54.3 |
| | | 44.198 | 29.201 | 17.742 | 56.4 |
| | | 50.151 | 33.701 | 16.982 | 58.9 |
| | | 58.038 | 39.002 | 16.032 | 62.4 |
| 9.625 | | 48.068 | 32.302 | 34.844 | 28.7 |
| | | 53.574 | 36.002 | 34.118 | 29.3 |
| | | 59.527 | 40.002 | 33.344 | 30.0 |
| | | 64.735 | 43.502 | 32.631 | 30.6 |
| | | 69.944 | 47.002 | 31.977 | 31.3 |
| | | 79.617 | 53.503 | 30.704 | 32.6 |

# 附录五 常用钻铤体积表

| 钻具 | 外径<br>mm | 内径<br>mm | 壁厚<br>mm | 质量<br>kg/m | 体积<br>L/m | 备注 |
|---|---|---|---|---|---|---|
| 钻铤 | 4¾in<br>120.65 | 57.15 | 31.75 | 69.61 | 8.87 | |
| | 6¼in<br>158.75 | 57.15<br>71.44 | 50.8<br>43.66 | 135.26<br>123.91 | 17.23<br>15.78 | |
| | 6½in<br>165.1 | 57.15<br>71.44 | 53.98<br>46.83 | 147.92<br>136.66 | 18.84<br>17.4 | |
| | 7in<br>177.8 | 71.44<br>76 | 53.18<br>50.9 | 163.44<br>159.29 | 20.82<br>20.29 | |
| | 8in<br>203.2 | 71.44<br>76 | 65.88<br>63.6 | 223.1<br>219 | 28.42<br>27.89 | |
| | 9in<br>228.6 | 71.44<br>76 | 78.58<br>76.3 | 290.7<br>286.6 | 37.04<br>36.51 | |

# 附录六 油气井流体异常资料收集流程表

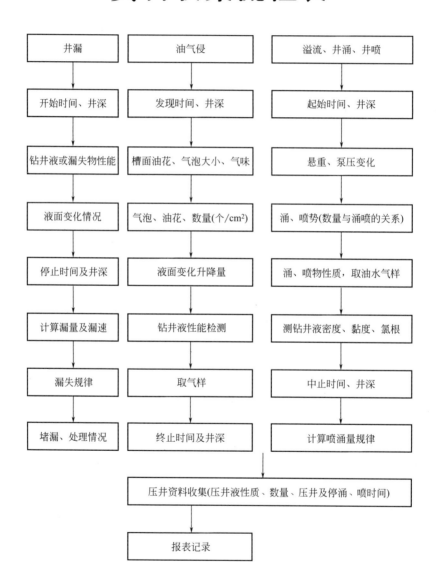

```
┌─────────────┐      ┌─────────────┐      ┌─────────────────┐
│    井漏      │      │   油气侵     │      │ 溢流、井涌、井喷 │
└──────┬──────┘      └──────┬──────┘      └────────┬────────┘
       ↓                    ↓                       ↓
┌─────────────┐      ┌─────────────┐      ┌─────────────────┐
│ 开始时间、井深 │      │ 发现时间、井深 │      │  起始时间、井深   │
└──────┬──────┘      └──────┬──────┘      └────────┬────────┘
       ↓                    ↓                       ↓
┌──────────────┐     ┌──────────────────┐   ┌─────────────────┐
│钻井液或漏失物性能│     │槽面油花、气泡大小、气味│   │  悬重、泵压变化   │
└──────┬───────┘     └────────┬─────────┘   └────────┬────────┘
       ↓                      ↓                       ↓
┌──────────────┐     ┌──────────────────┐   ┌──────────────────────┐
│  液面变化情况  │     │气泡、油花、数量(个/cm²)│   │涌、喷势(数量与涌喷的关系)│
└──────┬───────┘     └────────┬─────────┘   └──────────┬───────────┘
       ↓                      ↓                         ↓
┌──────────────┐     ┌──────────────────┐   ┌──────────────────────┐
│ 停止时间及井深  │     │    液面变化升降量   │   │涌、喷物性质,取油水气样 │
└──────┬───────┘     └────────┬─────────┘   └──────────┬───────────┘
       ↓                      ↓                         ↓
┌──────────────┐     ┌──────────────────┐   ┌──────────────────────┐
│  计算漏量及漏速 │     │   钻井液性能检测    │   │ 测钻井液密度、黏度、氯根│
└──────┬───────┘     └────────┬─────────┘   └──────────┬───────────┘
       ↓                      ↓                         ↓
┌──────────────┐     ┌──────────────────┐   ┌──────────────────────┐
│   漏失规律     │     │      取气样        │   │    中止时间、井深      │
└──────┬───────┘     └────────┬─────────┘   └──────────┬───────────┘
       ↓                      ↓                         ↓
┌──────────────┐     ┌──────────────────┐   ┌──────────────────────┐
│  堵漏、处理情况 │     │   终止时间及井深    │   │    计算喷涌量规律      │
└──────────────┘     └────────┬─────────┘   └──────────┬───────────┘
                              │                         │
                              └───────────┬─────────────┘
                                          ↓
            ┌──────────────────────────────────────────────┐
            │压井资料收集(压井液性质、数量、压井及停涌、喷时间)│
            └───────────────────┬──────────────────────────┘
                                ↓
                        ┌───────────────┐
                        │    报表记录     │
                        └───────────────┘
```

# 参 考 文 献

［1］ 中国石油天然气钻井井控编写组. 石油天然气钻井井控. 北京：石油工业出版社，2008.

［2］ 李敏捷. 现代井控工程关键技术实用手册. 北京：石油工业出版社，2007.

［3］ 孙振纯，王守谦，徐明辉. 井控技术. 北京：石油工业出版社，1997.

［4］ 李敏捷. 现代井控工程关键技术实用手册. 北京：石油工业出版社，2007.

［5］ 李富强. 气体钻井条件下迟到时间的计算与校正. 录井工程，2011，22（4）：24-27.

［6］ 应维民，胡耀德. 油气上窜速度的现场计算. 海洋石油，2002，22（2）：63-64.

［7］ 宋广健，严建奇，王丽珍，等. 油气上窜速度计算方法的改进与应用. 石油钻采工艺，2010，32（5）：17-19.

［8］ 赵勇，邓章华. 钻井液顶替法计算油气上窜速度. 能源及环境. 中国科技信息，2010，（16）：40-41.

［9］ 汲海波. 超声波流量计应用. 自动化应用，2012，1（1）：60-62.

［10］ 晏立强，冯立，程杰. 浅谈应变靶式流量计的使用. 现代制造技术与设备，2012，（1）：50-51.